変分ベイズ学習

Variational Bayesian Learning

中島伸一

講談社

■ 編者
杉山　将　博士（工学）
理化学研究所 革新知能統合研究センター センター長
東京大学大学院新領域創成科学研究科 教授

シリーズの刊行にあたって

インターネットや多種多様なセンサーから，大量のデータを容易に入手できる「ビッグデータ」の時代がやって来ました．現在，ビッグデータから新たな価値を創造するための取り組みが世界的に行われており，日本でも産学官が連携した研究開発体制が構築されつつあります．

ビッグデータの解析には，データの背後に潜む規則や知識を見つけ出す「機械学習」とよばれる知的データ処理技術が重要な働きをします．機械学習の技術は，近年のコンピュータの飛躍的な性能向上と相まって，目覚ましい速さで発展しています．そして，最先端の機械学習技術は，音声，画像，自然言語，ロボットなどの工学分野で大きな成功を収めるとともに，生物学，脳科学，医学，天文学などの基礎科学分野でも不可欠になりつつあります．

しかし，機械学習の最先端のアルゴリズムは，統計学，確率論，最適化理論，アルゴリズム論などの高度な数学を駆使して設計されているため，初学者が習得するのは極めて困難です．また，機械学習技術の応用分野は非常に多様なため，これらを俯瞰的な視点から学ぶことも難しいのが現状です．

本シリーズでは，これからデータサイエンス分野で研究を行おうとしている大学生・大学院生，および，機械学習技術を基礎科学や産業に応用しようとしている大学院生・研究者・技術者を主な対象として，ビッグデータ時代を牽引している若手・中堅の現役研究者が，発展著しい機械学習技術の数学的な基礎理論，実用的なアルゴリズム，さらには，それらの活用法を，入門的な内容から最先端の研究成果までわかりやすく解説します．

本シリーズが，読者の皆さんのデータサイエンスに対するより一層の興味を掻き立てるとともに，ビッグデータ時代を渡り歩いていくための技術獲得の一助となることを願います．

2014 年 11 月

「機械学習プロフェッショナルシリーズ」編者
杉山 将

まえがき

本書では，ベイズ学習の近似法である変分ベイズ学習について説明します．

ベイズ学習とは，確率の基本法則であるベイズの定理に従って，観測データが与えられたときの未知変数（モデルパラメータ，隠れ変数など）に関する事後確率分布を計算し，得られた事後確率分布に基づいて，未知変数の推定量やこれから観測されるであろう新しいデータに対する予測分布などを計算する統計的学習手法です．

最尤推定法や事後確率最大化推定法との対比において，ベイズ学習は以下の特長を持ちます．

- 未知変数の推定精度に関する情報が自然に得られる．
- 過学習しにくい傾向にある．
- すべての未知変数を単一の枠組みで観測データから推定できる．これにより，モデル自由度の自動選択や超パラメータ推定が可能となる．

一方，ベイズ学習を実行するためには，未知変数に関する期待値計算を行う必要があります．この計算は，特別な場合を除いて解析的に実行することができず，また，未知変数が高次元である場合には数値計算も困難です．そのためさまざまな近似法が提案されています．

本書で取り扱う変分ベイズ学習は，事後確率分布をある制約を満たす関数の集合から選ぶことによって期待値計算を可能にする手法であり，幅広い適用範囲を持ちます．変分ベイズ学習アルゴリズムを導出する際のポイントは，与えられた確率モデルに対して条件付き共役性と呼ばれる性質を見つけ出し，その性質に応じた制約を設計することにあります．

制約の設計指針はとても単純なのですが，学術論文などで変分ベイズ学習アルゴリズムが導出される際には天下り的に制約が与えられることが多いため，それらの論文から設計指針を読み取ることは，初学者にとって必ずしも簡単ではないようです．

そこで本書では，変分ベイズ学習の設計指針に焦点を当てます．ベイズ学習が解析的に実行できる基本的な確率モデルからスタートし，共役性とは何か，なぜそれがベイズ学習を容易にするのかについて，できるだけ丁寧に説明します．基本的な確率モデルの共役性は，そのまま少し複雑な実用的確率モデルの条件付き共役性として現れます．すなわち，共役性を理解すれば変分ベイズ学習の設計指針を容易に理解することができます．本書を読み終えたときに，与えられた確率モデルに対して読者が自ら条件付き共役性を見出して変分ベイズ学習のための制約を設計し，アルゴリズムを導出できるようになることが本書の目標です．

1 章では，ベイズ学習において特に重要な概念である同時分布，周辺分布および条件付き分布についておさらいし，ベイズの定理について説明します．2 章では，ベイズの定理を用いてベイズ学習の枠組みを導出します．3 章では，本書で取り扱う確率モデルを紹介します．それらのうちの半分はベイズ学習が解析的に実行できるものであり，残りの半分は変分ベイズ近似が必要なものです．

4 章では，ベイズ学習の計算において非常に重要な概念である共役性について説明します．そこでは，確率モデルが与えられたときにどのようにして共役性をみつけるかについて例を挙げて説明し，事後確率分布を導出します．5 章では，事後確率分布からベイズ推定量（事後平均），事後共分散や予測分布をどのように計算するかを説明します．さらに，周辺尤度の計算とそれを用いた経験ベイズ学習の例も紹介します．

6 章では変分ベイズ学習について説明します．4 章で説明した共役性が，どのようにより複雑な確率モデルの条件付き共役性として現れるのか，条件付き共役性からどのように制約を設計するのかについて説明し，いくつかの確率モデルに対して変分ベイズ学習アルゴリズムを導出します．最後に 7 章では，変分ベイズ学習に関して理論的にあきらかにされた性質のいくつかを紹介します．

本書の執筆をすすめていただいた編者である東京大学の杉山将先生，査読にご協力いただいた産業技術総合研究所の麻生英樹先生，豊橋技術科学大学の渡辺一帆先生，執筆作業全般にわたってサポートいただいた講談社サイエンティフィクの慶山篤さん，横山真吾さんに心より感謝いたします．

2016 年 1 月

中島 伸一

目次

Chapter 1

確率とベイズの定理

本章では，確率の基本的な概念を具体例を通しておさらいします．
同時分布，周辺分布，条件付き分布およびベイズの定理について
熟知している読者は次章から読み始めることをおすすめします．

1.1 同時分布

あなたは先日，100 人が働いている部署の忘年会の幹事を任されました．100 人を収容できるレストランは多くありませんが，2 軒心当たりがあります．1 つはハンバーグを，もう 1 つはエビフライを看板メニューとしています．

サービス精神が旺盛なあなたは，同僚の食べ物の嗜好について無記名のアンケート調査を行うことにしました．その結果，10 人の女性と 30 人の男性がハンバーグのほうが好き，40 人の女性と 20 人の男性がエビフライのほうが好きと答えました．このアンケート結果を確率表にしたものが図 **1.1** です．確率表の中の 4 つの数字は，**同時確率 (joint probability)** を表します．例えば，あなたの部署の中から無作為に 1 人選んだとき，その人が女性でありかつハンバーグ好きである確率は

$$\Pr(a = A, b = B) = 0.1$$

です．ここで，小文字の a は無作為に選んだ人が男性であるか女性であるかを示す**確率変数 (random variable)** であり，大文字の A および $\overline{A}$ はその

	A	$\bar{A}$
B	0.1	0.3
$\bar{B}$	0.4	0.2

A ：女性
$\bar{A}$ ：男性

B ：ハンバーグが（エビフライよりも）好き
$\bar{B}$ ：エビフライが（ハンバーグよりも）好き

図 1.1　同時確率の確率表の例.

変数のとりうる値（A： 女性，$\overline{A}$：男性）を示します．ハンバーグ好きかエビフライ好きかを表す b, B, $\overline{B}$ についても同様です．

同じように，女性でありかつエビフライ好きである確率は

$$\Pr(a = A, b = \overline{B}) = 0.4$$

男性でありかつハンバーグ好きである確率は

$$\Pr(a = \overline{A}, b = B) = 0.3$$

男性でありかつエビフライ好きである確率は

$$\Pr(a = \overline{A}, b = \overline{B}) = 0.2$$

です．

これらの確率値を，確率変数の関数 $p(a, b)$ を用いて表すと便利です．すなわち，上記の数値を $p(A, B)=0.1$, $p(A, \overline{B})=0.4$, $p(\overline{A}, B)=0.3$, $p(\overline{A}, \overline{B})=0.2$ と表します．$p(a, b)$ は**同時分布** (**joint distribution**) と呼ばれ，以下

を満たします [*1].

$$p(a,b) \geq 0, \qquad \forall a \in \{A, \overline{A}\}, b \in \{B, \overline{B}\},$$
$$\sum_{a \in \{A,\overline{A}\}} \sum_{b \in \{B,\overline{B}\}} p(a,b) = 1$$

1.2 周辺分布

アンケート結果に基づいて，あなたはエビフライを看板メニューとするレストランを予約することにしました．なぜなら，無作為に選ばれた人が**男女を問わず**ハンバーグ好きである確率

$$p(B) = p(A,B) + p(\overline{A},B) = 0.4 \tag{1.1}$$

よりも，エビフライ好きである確率

$$p(\overline{B}) = p(A,\overline{B}) + p(\overline{A},\overline{B}) = 0.6 \tag{1.2}$$

のほうが高い（エビフライ好きの人のほうが多い）ためです．

式 (1.1) や式 (1.2) のように，同時分布に従う確率変数の一部について，それ（それら）がとりうるすべての値について足し上げる計算

$$p(b) = \sum_{a \in \{A,\overline{A}\}} p(a,b) \tag{1.3}$$

を**周辺化 (marginalization)** と呼びます．式 (1.3) は確率変数 $b \in \{B, \overline{B}\}$ の関数であり，**周辺分布 (marginal distribution)** と呼ばれます．なお，周辺分布 (1.3) を計算するということは，すべての**周辺確率 (marginal probability)**（ここでは式 (1.1) および式 (1.2)）を計算することを意味します．

あなたの部署の女性と男性の割合（すなわち，あなたの部署から無作為に選ばれた人が女性あるいは男性である確率）も，同様に確率表から計算できます．

---

*1 本書では，変分ベイズ学習を理解するために最低限必要な概念だけを紹介します．確率と統計の基礎については本シリーズの『機械学習のための確率と統計』[11] を参照してください．

$$p(A) = \sum_{b \in \{B, \overline{B}\}} p(A, b) = 0.5,$$
$$p(\overline{A}) = \sum_{b \in \{B, \overline{B}\}} p(\overline{A}, b) = 0.5$$

また，周辺分布も確率分布なので，

$$\sum_{a \in \{A, \overline{A}\}} p(a) = p(A) + p(\overline{A}) = 1,$$
$$\sum_{b \in \{B, \overline{B}\}} p(b) = p(B) + p(\overline{B}) = 1$$

が常に成り立ちます．

さて，忘年会の日が 1 週間前と迫ったある日，突然人事異動が告げられてあなたの部署の女性と男性の割合が

$$p^*(A) = 0.4,$$
$$p^*(\overline{A}) = 0.6$$

に変わりました．ここで，人事異動後の確率分布には $*$ を付けることにします．人事異動前後で**女性と男性それぞれの食の嗜好が変わらない**と仮定したとき，あなたはレストランを変更すべきでしょうか？

1.3 条件付き分布

この判断のためには，条件付き分布について考える必要があります．女性と男性それぞれの食の嗜好が変わらないという仮定は何を意味するのでしょうか？　それは，**女性あるいは男性だけを集めて**アンケート調査を行ったとき，ハンバーグ好きな人とエビフライ好きな人との比率

$$\frac{p(A, B)}{p(A, \overline{B})} \quad \text{および} \quad \frac{p(\overline{A}, B)}{p(\overline{A}, \overline{B})}$$

が人事異動前後で変わらないと解釈するのが自然です．

女性（あるいは男性）である確率，すなわち周辺確率 $p(a)$ を用いて同時

分布 $p(a,b)$ を規格化すれば [*2]，この比率を確率分布として表すことができます．

$$p(b|a) = \frac{p(a,b)}{p(a)} \tag{1.4}$$

式 (1.4) は，変数 a が与えられたときの変数 b に関する**条件付き分布 (conditional distribution)** と呼ばれます．図 1.1 の確率表において，A および $\overline{A}$ の各列を個別にみて，それぞれを規格化することに対応します．

式 (1.4) の具体的な値，すなわち**条件付き確率 (conditional probability)** を計算すると，

$$\begin{aligned}
p(B|A) &= \frac{p(A,B)}{p(A)} = \frac{0.1}{0.5} = 0.2, \\
p(\overline{B}|A) &= \frac{p(A,\overline{B})}{p(A)} = \frac{0.4}{0.5} = 0.8, \\
p(B|\overline{A}) &= \frac{p(\overline{A},B)}{p(\overline{A})} = \frac{0.3}{0.5} = 0.6, \\
p(\overline{B}|\overline{A}) &= \frac{p(\overline{A},\overline{B})}{p(\overline{A})} = \frac{0.2}{0.5} = 0.4
\end{aligned}$$

となります．

さて，レストランを変更するかどうか決めるために，人事異動後のハンバーグ（エビフライ）好きの確率を計算しましょう．人事異動前後で条件付き分布 (1.4) が変わらないと仮定したので，$p^*(b|a) = p(b|a)$ が成り立ちます．したがって，

$$\begin{aligned}
p^*(B) &= \sum_{a\in\{A,\overline{A}\}} p^*(B|a)p^*(a) = 0.2\times 0.4 + 0.6\times 0.6 = 0.44, \\
p^*(\overline{B}) &= \sum_{a\in\{A,\overline{A}\}} p^*(\overline{B}|a)p^*(a) = 0.8\times 0.4 + 0.4\times 0.6 = 0.56
\end{aligned}$$

となり，依然としてエビフライ優勢なので，レストランを変更する必要がないことがわかりました．

---

*2 事象の起こりやすさに比例する量（ここでは同時分布を b の関数としてみたもの）が与えられたとき，それらの総和が 1 になるように定数倍する操作を**規格化 (normalization)** あるいは正規化と呼びます．

1.4 ベイズの定理

条件付き分布 (1.4) の a と b を入れ替えると，別の条件付き分布

$$p(a|b) = \frac{p(a,b)}{p(b)} \tag{1.5}$$

が得られます．これは，**ハンバーグ（あるいはエビフライ）**好きな人だけを集めてその中から無作為に選んだ 1 人が女性（あるいは男性）である確率に相当し，図 1.1 の確率表において，B および $\overline{B}$ の各行を個別にみて，それぞれ規格化することに対応します．

2 つの条件付き分布 (1.4) および (1.5) を比べてみましょう．いずれも右辺に同時分布 $p(a,b)$ があるので，これを経由して 2 つの条件付き分布の関係

$$p(a|b)p(b) = p(a,b) = p(b|a)p(a) \tag{1.6}$$

が得られます．この式 (1.6) は**ベイズの定理 (Bayes theorem)** と呼ばれます（**メモ 1.1** に示すように，ベイズの定理の表現は複数あります）．

ベイズの定理は，条件付き分布 $p(b|a)$ と周辺分布 $p(a)$ が与えられたときに，それらから確率変数と条件に含まれる変数が入れ替わった条件付き分布 $p(a|b)$ を計算する手段を提供します．

最後に，ベイズ学習に対応する以下の問題を考えてみましょう．あなたは忘年会に参加予定の斉藤さんから「私はエビフライよりもハンバーグが食べたい」とのメールを受け取りました．あなたの部署には斉藤さんは 2 人いて，

これまでに出てきた数式を用いて，ベイズの定理はいろいろな形で表されます．例えば

$$p(a|b) = \frac{p(b|a)p(a)}{p(b)} = \frac{p(b|a)p(a)}{\sum_{a\in\{A,\overline{A}\}} p(b|a)p(a)} = \frac{p(a,b)}{\sum_{a\in\{A,\overline{A}\}} p(a,b)}$$

と表すことができます．

メモ 1.1 ベイズの定理の異なる表現

1 人は男性，もう 1 人は女性です．性別はメールアドレスから判断できませんでしたが，あなたは「ハンバーグが好きなんだから，おそらく男性であろう」と予想しました．この予想はどの程度妥当でしょうか？

ハンバーグ好きという事実が観測されたもとで，この人が女性である確率および男性である確率は以下のように計算できます．

$$\begin{aligned} p^*(a|B) &= \frac{p^*(B|a)p^*(a)}{\sum_{a'\in\{A,\overline{A}\}} p^*(B|a')p^*(a')} \\ &= \begin{cases} \dfrac{0.2\times 0.4}{0.2\times 0.4+0.6\times 0.6} \approx 0.1818 & (a=A) \\ \dfrac{0.6\times 0.6}{0.2\times 0.4+0.6\times 0.6} \approx 0.8182 & (a=\overline{A}) \end{cases} \end{aligned}$$

この計算により，男性である確率が 80%以上であることがわかりました．

この手続きでは，未知の変数 a に依存する条件付き分布 $p^*(b|a)$ の確率変数と条件に含まれる変数をベイズの定理によって入れ替えることによって，観測値 b が与えられたときの未知変数 a に関する条件付き分布 $p^*(a|b)$ を計算しました．

次章で説明するベイズ学習では，これとまったく同じ計算を行います．そこでは，条件付き分布 $p(b|a)=p^*(b|a)$ は未知のパラメータ a によって規定される観測値 b に関するモデル分布と呼ばれ，ベイズの定理によって得られたモデルパラメータに関する条件付き分布 $p^*(a|b)$ は，観測値 b が与えられたもとでの事後分布と呼ばれます．

もしも上記のメールが人事異動前に届いたとしたら，メール送信者が女性である確率は異なるでしょうか？　この場合には，人事異動後の女性と男性の割合を表す $p^*(a)$ を人事異動前のものに変える必要があります．

$$\begin{aligned} p(a|B) &= \frac{p(B|a)p(a)}{\sum_{a'\in\{A,\overline{A}\}} p(B|a')p(a')} \\ &= \begin{cases} \dfrac{0.2\times 0.5}{0.2\times 0.5+0.6\times 0.5} \approx 0.25 & (a=A) \\ \dfrac{0.6\times 0.5}{0.2\times 0.5+0.6\times 0.5} \approx 0.75 & (a=\overline{A}) \end{cases} \end{aligned}$$

となり，人事異動前のほうが女性の割合が多かったために，メールの送信者が女性である確率が少し上がりました．

$p(a)$ および $p^*(a)$ は，ベイズ学習において事前分布と呼ばれます．ここで，「事前」および「事後」という言葉は，ハンバーグ好きかエビフライ好きかという「観測事象」の前および後を意味します．人事異動前後で変わった観測前の女性（あるいは男性）である確率（事前分布）が，食の嗜好を観測した後の女性（あるいは男性）である確率（事後分布）に影響を与えたことがわかります．

Chapter 2

ベイズ学習の枠組み

本章では，ベイズの定理に基づいたベイズ学習の枠組みについて説明します．

2.1 ベイズ事後分布

観測データが従う（と仮定される）確率的な法則を**確率モデル (probabilistic model)** と呼びます．ベイズ学習において確率モデルは，未知のモデルパラメータ $\boldsymbol{\omega} \in \mathcal{W}$ に依存する観測データ $\mathcal{D}$ の条件付き確率分布である**モデル分布 (model distribution)**$p(\mathcal{D}|\boldsymbol{\omega})$ と，モデルパラメータ $\boldsymbol{\omega}$ に関する（観測データが得られる前の事前知識を表現する）**事前分布 (prior distribution)** $p(\boldsymbol{\omega})$ の組によって表されます [*1]．モデル分布 $p(\mathcal{D}|\boldsymbol{\omega})$ を確率分布としてではなくパラメータ $\boldsymbol{\omega}$ の関数としてみたとき，これを**モデル尤度 (model likelihood)** と呼びます．

ベイズ学習 (Bayesian learning) では，観測データ $\mathcal{D}$ と確率モデル $\{p(\mathcal{D}|\boldsymbol{\omega}), p(\boldsymbol{\omega})\}$ が与えられたとき，（観測データによって，モデルパラメータに関する情報が得られた後という意味での）**事後分布 (posterior distribution)**$p(\boldsymbol{\omega}|\mathcal{D})$ を計算します [*2]．ベイズの定理 (1.6) において，$a = \boldsymbol{\omega}$, $b = \mathcal{D}$ と置き換えてみましょう．

*1 より一般には，モデルパラメータや観測データ以外の変数を用いる場合もあります．**メモ 2.1** を参照してください．

*2 近似手法によって得られる事後分布と区別する必要がある場合には，**ベイズ事後分布 (Bayes posterior distribution)** と呼びます．

モデル分布 $p(\mathcal{D}|\boldsymbol{\omega})$ と事前分布 $p(\boldsymbol{\omega})$ を与えることは，観測データとモデルパラメータとの同時分布 $p(\mathcal{D},\boldsymbol{\omega}) = p(\mathcal{D}|\boldsymbol{\omega})p(\boldsymbol{\omega})$ を与えることと等価です．より一般には，確率モデルは観測される変数と観測されない変数の同時分布として与えられます．観測されない変数には，モデルパラメータの他にしばしば導入される**潜在（隠れ）変数 (latent (hidden) variable)**$\boldsymbol{z}$ が含まれます．また，確率モデルの候補が複数ある場合には，同時分布はモデルを指定する**超パラメータ (hyperparameter)**$\boldsymbol{\kappa}$ に依存します．したがって，より一般の確率モデルは $p(\mathcal{D},\boldsymbol{z},\boldsymbol{\omega}|\boldsymbol{\kappa})$ を指定することによって与えられます．

メモ 2.1 一般の確率モデル

$$\underbrace{p(\boldsymbol{\omega}|\mathcal{D})}_{\text{事後分布}}\underbrace{p(\mathcal{D})}_{\text{周辺尤度}} = \underbrace{p(\mathcal{D},\boldsymbol{\omega})}_{\text{同時分布}} = \underbrace{p(\mathcal{D}|\boldsymbol{\omega})}_{\text{モデル尤度}}\underbrace{p(\boldsymbol{\omega})}_{\text{事前分布}} \tag{2.1}$$

$p(\mathcal{D}|\boldsymbol{\omega})p(\boldsymbol{\omega})$ は確率モデルとして与えられていますので，周辺尤度と呼ばれる量 $p(\mathcal{D})$ を計算することができれば

$$p(\boldsymbol{\omega}|\mathcal{D}) = \frac{p(\mathcal{D}|\boldsymbol{\omega})p(\boldsymbol{\omega})}{p(\mathcal{D})} \tag{2.2}$$

によって事後分布が得られます．

周辺尤度 (marginal likelihood)[*3] とは，観測データ $\mathcal{D}$ の分布であり，同時分布 $p(\mathcal{D},\boldsymbol{\omega})$ をパラメータ $\boldsymbol{\omega}$ に関して周辺化することによって得られます [*4]．

$$p(\mathcal{D}) = \int_{\mathcal{W}} p(\mathcal{D},\boldsymbol{\omega})d\boldsymbol{\omega} = \int_{\mathcal{W}} p(\mathcal{D}|\boldsymbol{\omega})p(\boldsymbol{\omega})d\boldsymbol{\omega} \tag{2.3}$$

例　1 次元ガウス分布モデル

観測値 $x \in \mathbb{R}$ が，分散 1 の 1 次元ガウス分布

*3 周辺尤度は**分配関数 (partition function)** とも呼ばれます．また，その確率論的解釈については**メモ 2.2** を参照してください．

*4 パラメータが離散変数の場合，積分は以下の手順で和に置き換えられます．

$$\int_{\mathcal{W}} f(\boldsymbol{\omega})d\boldsymbol{\omega} = \int \sum_{\boldsymbol{\omega}'\in\mathcal{W}} f(\boldsymbol{\omega}')\delta(\boldsymbol{\omega}-\boldsymbol{\omega}')d\boldsymbol{\omega} = \sum_{\boldsymbol{\omega}'\in\mathcal{W}} f(\boldsymbol{\omega}')$$

ここで，$\delta(\cdot)$ は**ディラックのデルタ関数 (Dirac delta function)** であり，$f(\boldsymbol{\omega})$ は任意の関数です．

$$p(x|\mu) = \frac{\exp\left(-\frac{1}{2}(x-\mu)^2\right)}{\sqrt{2\pi}} \tag{2.4}$$

に従うと仮定し，平均値パラメータ $\omega = \mu$ を推定する問題を考えます．N 回の独立な観測データ $\mathcal{D} = \{x^{(1)}, \ldots, x^{(N)}\}$ に対する確率分布は

$$p(\mathcal{D}|\omega) = \prod_{n=1}^{N} p(x^{(n)}|\mu) = \frac{\exp\left(-\frac{1}{2}\sum_{n=1}^{N}(x^{(n)}-\mu)^2\right)}{(2\pi)^{N/2}} \tag{2.5}$$

で与えられます．事前分布として平均 0，分散 1 のガウス分布

$$p(\omega) = \frac{\exp\left(-\frac{\mu^2}{2}\right)}{\sqrt{2\pi}} \tag{2.6}$$

を用いると，事後分布は

$$\begin{aligned} p(\omega|\mathcal{D}) &= \frac{p(\mathcal{D}|\omega)p(\omega)}{p(\mathcal{D})} \\ &= \frac{\exp\left(-\frac{1}{2}\sum_{n=1}^{N}(x^{(n)}-\mu)^2 - \frac{\mu^2}{2}\right)}{\int \exp\left(-\frac{1}{2}\sum_{n=1}^{N}(x^{(n)}-\mu)^2 - \frac{\mu^2}{2}\right) d\mu} \qquad (2.7) \\ &= \frac{\exp\left(-\frac{N+1}{2}\left(\mu - \frac{\sum_{n=1}^{N} x^{(n)}}{N+1}\right)^2\right)}{\sqrt{2\pi(N+1)^{-1}}} \qquad (2.8) \end{aligned}$$

のように計算されます．式 (2.7) から式 (2.8) を得る過程は 4 章で詳しく説

条件付き確率分布 $p(\mathcal{D}|\boldsymbol{\omega})$ に観測値 $\mathcal{D}$ を実際に代入すると，未知パラメータ $\boldsymbol{\omega}$ の関数になります．この関数は，値が大きいほど実際に観測されたデータをよりよく説明すると考えることができるため，未知パラメータ $\boldsymbol{\omega}$ の**尤もらしさ**を表す指標という意味で，**尤度 (likelihood)** と呼ばれます．

一方，周辺尤度 $p(\mathcal{D})$ はパラメータ $\boldsymbol{\omega}$ に関して周辺化してしまっているので，パラメータに依存しない定数です．では，何についての**尤もらしさ**を示すのでしょうか？　実は式 (2.3) から推測されるように，周辺尤度は（$\boldsymbol{\omega}$ の関数としての）確率モデル $\{p(\mathcal{D}|\boldsymbol{\omega}), p(\boldsymbol{\omega})\}$ に依存し，その尤もらしさを示します．この原理に基づいて，周辺尤度はモデル選択や超パラメータ推定に利用されます（2.4 節参照）．

メモ 2.2　尤度と周辺尤度

明します. □

ベイズ事後分布は，ベイズの定理 (2.1) という基本的な確率法則から導かれています．したがって，もしも我々が考えうる最適な確率モデル $\{p(\mathcal{D}|\boldsymbol{\omega}), p(\boldsymbol{\omega})\}$ を利用して事後分布 (2.2) を計算することができたなら，それは未知パラメータ $\boldsymbol{\omega}$ に対して観測値 $\mathcal{D}$ から読み取ることのできる最大限の情報です．この意味で，事後分布に基づくベイズ学習は，それが実行可能であるならば理想的な学習手法であるといえます．

一方，ベイズ学習の欠点は，その計算が特別な場合（例えば上に挙げたガウス分布の例）を除いて困難であるという点にあります．もう少し詳しくいうと，事後分布 (2.2) の右辺の分子は簡単に計算できますが，分母，すなわち周辺尤度 $p(\mathcal{D})$ を計算するための積分演算 (2.3) が困難な場合が多いのです．

しかし，周辺尤度 $p(\mathcal{D})$ は未知パラメータ $\boldsymbol{\omega}$ に関して周辺化されているため，$\boldsymbol{\omega}$ に依存しない単なる比例定数です．したがって，事後分布 (2.2) の**形状**は簡単にわかるのです．なぜ比例定数を計算できないことが大きな問題なのでしょうか？　この質問に応える前に，まずは事後分布の形状がわかればできることについて考えてみましょう．

2.2 事後確率最大化推定法

事後分布の形状がわかれば，事後確率を最大にするパラメータを求めることができます [*5].

$$\widehat{\boldsymbol{\omega}}^{\mathrm{MAP}} = \underset{\boldsymbol{\omega}}{\mathrm{argmax}}\, p(\boldsymbol{\omega}|\mathcal{D}) = \underset{\boldsymbol{\omega}}{\mathrm{argmax}}\, p(\mathcal{D}|\boldsymbol{\omega})p(\boldsymbol{\omega}) \tag{2.9}$$

この方法は**事後確率最大化推定 (maximum a posteriori (MAP) estimation)** 法と呼ばれます（**メモ 2.3** 参照）.

事後確率最大化推定法は**尤もらしさ**を最大化する**最尤推定 (maximum likelihood (ML) estimation)** 法

$$\widehat{\boldsymbol{\omega}}^{\mathrm{ML}} = \underset{\boldsymbol{\omega}}{\mathrm{argmax}}\, p(\mathcal{D}|\boldsymbol{\omega}) \tag{2.10}$$

---

*5　事後確率の最大化は必ずしも簡単であるとは限りませんが，周辺尤度の計算と比較すると，より簡単に実行できる場合が多いといえます．

観測データとモデルとの不適合度を表す**損失項 (loss term)**$L(\mathcal{D}, \boldsymbol{\omega})$ と，**過学習 (overfitting)** を防ぐために用いられる**正則化項 (regularization term)**$R(\boldsymbol{\omega})$ とを定義し，その和を最小化する統計的手法

$$\widehat{\boldsymbol{\omega}} = \underset{\boldsymbol{\omega}}{\operatorname{argmin}}\, L(\mathcal{D}, \boldsymbol{\omega}) + R(\boldsymbol{\omega})$$

は正則化法と呼ばれますが，その多くは事後確率最大化推定法として解釈できます．事後確率最大化推定法の目的関数である同時分布の対数の符号反転

$$-\log p(\mathcal{D}, \boldsymbol{\omega}) = -\log p(\mathcal{D}|\boldsymbol{\omega}) - \log p(\boldsymbol{\omega})$$

を最小化すると事後確率最大化推定量が得られますが，$p(\mathcal{D}|\boldsymbol{\omega}) \propto e^{-L(\mathcal{D},\boldsymbol{\omega})}, p(\boldsymbol{\omega}) \propto e^{-R(\boldsymbol{\omega})}$ ととることにより，右辺の第 1 項および第 2 項がそれぞれ損失項および正則化項に対応します．

メモ 2.3 正則化法と事後確率最大化推定法の関係

の一般化であり，平坦な事前分布 $p(\boldsymbol{\omega}) \propto 1$ を用いたとき両者は一致します [*6]．なお，$\widehat{\boldsymbol{\omega}}^{\mathrm{MAP}}$ および $\widehat{\boldsymbol{\omega}}^{\mathrm{ML}}$ はそれぞれ，**事後確率最大化推定量 (maximum a posteriori (MAP) estimator)** および**最尤推定量 (maximum likelihood (ML) estimator)** と呼ばれます．

2.3 節にて，事後確率最大化推定法とベイズ学習の本質的な違いについて説明します．

2.3 ベイズ学習

事後確率最大化推定法や最尤推定法に対するベイズ学習の利点として，以下が挙げられます．

- 未知変数の推定精度に関する情報が自然に得られる．
- 過学習しにくい傾向にある．
- すべての未知変数を単一の枠組みで観測データから推定できる．これに

*6 記号 $\propto$ は関数の比例関係を表します．例えば $f(x) \propto g(x)$ は，$f(x) = Cg(x)$ を満たす（x に依存しない）定数 $C > 0$ が存在することを意味します．本書では，$C \to \infty$ である場合も $f(x) \propto g(x)$ と表すことにします．この例（$p(\boldsymbol{\omega}) \propto 1$）では $C^{-1} = \int_{\mathcal{W}} p(\boldsymbol{\omega}) d\boldsymbol{\omega}$ となりますが，$\mathcal{W}$ が有界でなければ $C \to \infty$ となります．

より，モデル選択や超パラメータ推定が可能となる．

これらの利点を享受するためには，以下のうち少なくとも1つの量を計算する必要があります．

周辺尤度（0次モーメント）

$$p(\mathcal{D}) = \int p(\mathcal{D}, \boldsymbol{\omega}) d\boldsymbol{\omega} \tag{2.11}$$

この量はすでにベイズ事後分布 (2.2) の規格化因子（規格化を行うために乗算あるいは除算される定数．4.1節参照）として紹介しました．2.4節で述べるように，ベイズ学習における超パラメータ推定やモデル選択は，この量を最大化することによって実行されます．

事後平均 (posterior mean)（1次モーメント）

$$\widehat{\boldsymbol{\omega}} = \langle \boldsymbol{\omega} \rangle_{p(\boldsymbol{\omega}|\mathcal{D})} = \frac{1}{p(\mathcal{D})} \int \boldsymbol{\omega} \cdot p(\mathcal{D}, \boldsymbol{\omega}) d\boldsymbol{\omega} \tag{2.12}$$

ここで，$\langle \cdot \rangle_p$ は分布 p に関する期待値を示します．すなわち任意の関数 $f(\boldsymbol{\omega})$ に対して $\langle f(\boldsymbol{\omega}) \rangle_{p(\boldsymbol{\omega})} = \int f(\boldsymbol{\omega}) p(\boldsymbol{\omega}) d\boldsymbol{\omega}$ となります．事後平均は**ベイズ推定量 (Bayesian estimator)** とも呼ばれ，パラメータ $\boldsymbol{\omega}$ の推定量として用いられます．

事後共分散 (posterior covariance)（2次モーメント）

$$\begin{aligned} \widehat{\boldsymbol{\Sigma}}_{\boldsymbol{\omega}} &= \left\langle (\boldsymbol{\omega} - \widehat{\boldsymbol{\omega}})(\boldsymbol{\omega} - \widehat{\boldsymbol{\omega}})^\top \right\rangle_{p(\boldsymbol{\omega}|\mathcal{D})} \\ &= \frac{1}{p(\mathcal{D})} \int (\boldsymbol{\omega} - \widehat{\boldsymbol{\omega}})(\boldsymbol{\omega} - \widehat{\boldsymbol{\omega}})^\top \cdot p(\mathcal{D}, \boldsymbol{\omega}) d\boldsymbol{\omega} \end{aligned} \tag{2.13}$$

ここで，$\top$ は行列あるいはベクトルの転置を表します．事後共分散は推定されたパラメータの信頼区間を表現するのに使われます．

予測分布 (predictive distribution)（モデル分布の期待値）

$$\begin{aligned} p(\mathcal{D}^{\text{new}}|\mathcal{D}) &= \langle p(\mathcal{D}^{\text{new}}|\boldsymbol{\omega}) \rangle_{p(\boldsymbol{\omega}|\mathcal{D})} \\ &= \frac{1}{p(\mathcal{D})} \int p(\mathcal{D}^{\text{new}}|\boldsymbol{\omega}) \cdot p(\mathcal{D}, \boldsymbol{\omega}) d\boldsymbol{\omega} \end{aligned} \tag{2.14}$$

ここで，$p(\mathcal{D}^{\text{new}}|\boldsymbol{\omega})$ はモデル分布に未観測の新しいデータ $\mathcal{D}^{\text{new}}$ を確率変数として代入したものです．予測分布は，将来観測されるであろうデータの確率分布を直接与えます *7.

ここに，2.1 節の最後に提起した疑問「なぜ比例定数を計算できないことが大きな問題なのか？」に対する答えがあります．第一に，上に挙げた 4 つの量 (2.11)〜(2.14) はすべて周辺尤度 $p(\mathcal{D})$ に依存します．第二に，すべての量はなんらかの関数 $f(\boldsymbol{\omega})$ に対して $\int f(\boldsymbol{\omega}) \cdot p(\mathcal{D}, \boldsymbol{\omega}) d\boldsymbol{\omega}$ という形の積分計算を必要としています．$p(\mathcal{D}, \boldsymbol{\omega})$ を，$\boldsymbol{\omega}$ に関する規格化されていない確率分布としてみると，周辺尤度，事後平均および事後共分散はそれぞれ，0 次，1 次および 2 次モーメントに対応します．0 次モーメントである周辺尤度の計算が困難な確率モデルにおいては，他の 3 つの量も計算困難な場合がほとんどなのです．

式 (2.11)〜(2.14) の積分演算を近似するための方法は，大きく 2 つのカテゴリーに分けられます．第一のカテゴリーは，事後分布に従うサンプル $\boldsymbol{\omega}^{(1)}, \ldots, \boldsymbol{\omega}^{(T)} \sim p(\boldsymbol{\omega}|\mathcal{D})$ を計算機上で発生させ，積分をサンプル平均で近似する方法です．

$$\int f(\boldsymbol{\omega}) \cdot p(\boldsymbol{\omega}|\mathcal{D}) d\boldsymbol{\omega} \approx \frac{1}{T} \sum_{t=1}^{T} f(\boldsymbol{\omega}^{(t)})$$

ギブスサンプリング (Gibbs sampling) や**メトロポリス・ヘイスティングス法 (Metropolis-Hastings algorithm)** などの**マルコフ連鎖モンテカルロ法 (Markov chain Monte Carlo method)**（頭文字をとって MCMC 法と略される）を用いれば，（$\boldsymbol{\omega}$ について）規格化されてない分布 $p(\mathcal{D}, \boldsymbol{\omega})$ を

*7 ベイズ学習を行う目的が将来のデータを予測することにある場合には，予測分布を計算することが理想的です．しかし，学習に近似が必要な場合には，たとえ周辺尤度，事後平均および事後共分散が近似的に計算できたとしても，予測分布 (2.14) の計算は困難である場合があります．そのような場合には，モデル分布にベイズ推定量を代入したもの $p(\mathcal{D}^{\text{new}}|\widehat{\boldsymbol{\omega}})$ で代用されます．

用いて事後分布に従うサンプルを発生させることができるため，ベイズ学習の近似に利用されます．

第二のカテゴリーは，ベイズ事後分布にできるだけ近い関数を期待値計算可能な関数クラスの中から選ぶ方法であり，本書の主題である**変分ベイズ学習 (variational Bayes learning)** や**期待値伝搬法 (expectation-propagation)** などを含みます．

2.4 経験ベイズ学習

ベイズ学習を行うためには，必ず事前分布を定義する必要があります．パラメータ $\boldsymbol{\omega}$ に関して勘案すべき事前情報がある場合には，その知識を反映させるような事前分布を設定すればよいのですが，特にこれといって考慮すべき事前知識がない場合も少なくありません．

そのような場合には，なるべく予見を挟まない「フェア」な事前分布とし

未知パラメータ $\boldsymbol{\omega}$ に関してまったく事前情報がないとき，できるだけ偏りの小さい事前分布 $p(\boldsymbol{\omega})$ を使いたくなります．最も単純な方法は，平坦分布 $p(\boldsymbol{\omega}) \propto 1$ を用いることです．平坦事前分布は**無情報事前分布 (non-informative prior)** としてよく用いられますが，$\boldsymbol{\omega}$ の定義域が有界でないとき**非正常 (improper)**（規格化されていない確率分布の 0 次モーメントが発散するため，規格化が実行できない）である他，パラメータのとり方に依存するという欠点があります．

フィッシャー情報量 (Fisher information) $\boldsymbol{F} \in \mathbb{S}_+^M$（$\mathbb{S}_+^M$ は $M \times M$ 半正定値対称行列の集合，M はパラメータ $\boldsymbol{\omega}$ の次元）を考慮した**ジェフリーズ事前分布 (Jeffreys prior)**

$$p(\boldsymbol{\omega}) \propto \sqrt{|\boldsymbol{F}|}, \quad F_{i,j} = \int \frac{\partial \log p(\boldsymbol{x}|\boldsymbol{\omega})}{\partial \omega_i} \frac{\partial \log p(\boldsymbol{x}|\boldsymbol{\omega})}{\partial \omega_j} p(\boldsymbol{x}|\boldsymbol{\omega}) d\boldsymbol{x}$$

を使えば，パラメータ変換に不変な，確率分布間の**カルバック・ライブラー・ダイバージェンス (Kullback-Leibler divergence)** の意味で均一な事前分布を用いることができます．しかし多くの場合，ジェフリーズ事前分布は非正常であり，また，事後分布の期待値計算を困難にするため，効率的な計算を行うためには不向きです．

事前分布の設定法として最もよく利用されている方法は，超パラメータを持つ共役事前分布を用いることによってベイズ学習の効率的な計算を可能にし，かつ超パラメータを経験ベイズ推定することによって予見をできるだけ排除する方法です．

メモ 2.4 無情報事前分布

て無情報事前分布（**メモ 2.4** 参照）を利用することもできますが，より積極的な方法として，複数の事前分布を準備してその中から最も観測データに適合するものをモデル選択によって選ぶ方法がよく用いられます．

未知パラメータ $\boldsymbol{\kappa}$ に依存する事前分布 $p(\boldsymbol{\omega}|\boldsymbol{\kappa})$ を準備します．このように，パラメータ $\boldsymbol{\omega}$ 上の事前分布をコントロールするパラメータ $\boldsymbol{\kappa}$ は**超パラメータ (hyperparameter)** と呼ばれます．超パラメータを含む事前分布を用いると，周辺尤度

$$p(\mathcal{D}|\boldsymbol{\kappa}) = \int p(\mathcal{D}, \boldsymbol{\omega}|\boldsymbol{\kappa})d\boldsymbol{\omega} = \int p(\mathcal{D}|\boldsymbol{\omega})p(\boldsymbol{\omega}|\boldsymbol{\kappa})d\boldsymbol{\omega} \tag{2.15}$$

は超パラメータに依存する関数となり，観測データ $\mathcal{D}$ が与えられたときの超パラメータの**尤もらしさ**を表現していると解釈できます（メモ 2.2 および**メモ 2.5** 参照）．

この考えに基づいて，周辺尤度を最大化することによって超パラメータを推定する方法

ベイズ学習では，モデル尤度と事前分布との組 $\{p(\mathcal{D}|\boldsymbol{\omega}), p(\boldsymbol{\omega})\}$ を確率モデルと考えます．確率モデルの候補を複数個準備し，観測データ $\mathcal{D}$ に最も適合するモデルを選ぶことは**モデル選択 (model selection)** と呼ばれます．連続値の超パラメータを導入して経験ベイズ学習を行うということは，モデルの候補を連続的に無限個準備してモデル選択を行うことに相当します．

確率モデルを与えることは，観測データと未知パラメータとの同時分布 $p(\mathcal{D}, \boldsymbol{\omega}|\boldsymbol{\kappa}) = p(\mathcal{D}|\boldsymbol{\omega})p(\boldsymbol{\omega}|\boldsymbol{\kappa})$ を与えることと等価であることをメモ 2.1 で述べました．したがって，モデル尤度に超パラメータを含めて $p(\mathcal{D}, \boldsymbol{\omega}|\boldsymbol{\kappa}) = p(\mathcal{D}|\boldsymbol{\omega}, \boldsymbol{\kappa})p(\boldsymbol{\omega}|\boldsymbol{\kappa})$ としても，同様に経験ベイズ学習を行うことができます．実は，パラメータと超パラメータはいずれも単なる未知変数であり，区別する積極的な理由はありません．したがって，例えばある確率モデルが本来持つパラメータの一部を超パラメータとして扱ったり，逆に超パラメータとして導入されたものに事前分布（**超事前分布 (hyperprior)** と呼ばれます）を定義してベイズ学習することも可能です．本書では，ベイズ学習を行う際に未知変数をパラメータ $\boldsymbol{\omega}$ と超パラメータ $\boldsymbol{\kappa}$ とに分類し，パラメータについては事後分布推定を，超パラメータについては事前知識に基づいて設定される既知の定数とするか，あるいは経験ベイズ学習によって点推定（分布ではなく値を推定）することとします．

メモ 2.5 超パラメータ推定とモデル選択

$$\widehat{\boldsymbol{\kappa}} = \underset{\boldsymbol{\kappa}}{\operatorname{argmax}}\, p(\mathcal{D}|\boldsymbol{\kappa}) \tag{2.16}$$

は**経験ベイズ学習 (empirical Bayesian learning)** あるいは**第二種最尤推定 (type II maximum likelihood estimation)** 法と呼ばれます.

Chapter 3

確率モデルの例

本章では，基本的な確率モデルと少し複雑な実用的確率モデルを紹介します．基本的な確率モデルについては 4 章および 5 章にてベイズ学習を解析的に実行します．一方，少し複雑なモデルについてはベイズ学習が困難であるため，6 章にて変分ベイズ学習アルゴリズムを適用します．事前分布も確率モデルの一部ですので，モデル分布とともにその共役事前分布を紹介しますが，共役性については本章ではなく 4 章で説明します．

3.1 ガウス分布モデル

M 次元観測ベクトル $\boldsymbol{x} \in \mathbb{R}^M$ が，未知のモデルパラメータ $\boldsymbol{\omega} = (\boldsymbol{\mu}, \boldsymbol{\Sigma})$ によって記述される M 次元ガウス分布に従うとします．

$$p(\boldsymbol{x}|\boldsymbol{\omega}) = \mathrm{Norm}_M(\boldsymbol{x}; \boldsymbol{\mu}, \boldsymbol{\Sigma}) \equiv \frac{\exp\left(-\frac{1}{2}(\boldsymbol{x}-\boldsymbol{\mu})^\top \boldsymbol{\Sigma}^{-1}(\boldsymbol{x}-\boldsymbol{\mu})\right)}{(2\pi)^{M/2}|\boldsymbol{\Sigma}|^{1/2}} \tag{3.1}$$

ただし，$\boldsymbol{\mu} \in \mathbb{R}^M$ および $\boldsymbol{\Sigma} \in \mathbb{S}_{++}^M$ はそれぞれ，M 次元平均値ベクトルおよび $M \times M$ 共分散行列です．$\mathbb{R}^M$ は M 次元実数値ベクトルの集合，$\mathbb{S}_{++}^M$ は**正定値対称行列 (positive definite symmetric matrix)** の集合 [*1]，$|\boldsymbol{\Sigma}|$ は行列 $\boldsymbol{\Sigma}$ の**行列式 (determinant)** を表します．

この観測を N 回独立に行って得られる観測データ $\mathcal{D} = \{\boldsymbol{x}^{(1)}, \ldots, \boldsymbol{x}^{(N)}\}$

*1　対称行列とは転置しても変わらない正方行列 $\boldsymbol{\Sigma} = \boldsymbol{\Sigma}^\top$ を指し，正定値行列とは，すべての固有値が正である対称行列を指します．

に対する確率分布は

$$p(\mathcal{D}|\boldsymbol{\omega}) = \prod_{n=1}^{N} p(\boldsymbol{x}^{(n)}|\boldsymbol{\omega}) = \frac{\exp\left(-\frac{1}{2}\sum_{n=1}^{N}(\boldsymbol{x}^{(n)}-\boldsymbol{\mu})^\top \boldsymbol{\Sigma}^{-1}(\boldsymbol{x}^{(n)}-\boldsymbol{\mu})\right)}{(2\pi)^{NM/2}|\boldsymbol{\Sigma}|^{N/2}} \tag{3.2}$$

で与えられます．ここで，すべての $\boldsymbol{x}^{(n)}$ が同一の分布 (3.1) に従って生成され，$n \neq n'$ なるすべての観測ベクトルの組 $\{\boldsymbol{x}^{(n)}, \boldsymbol{x}^{(n')}\}$ が（$\boldsymbol{\omega}$ が与えられたもとで条件付き）独立である（すなわち $p(\boldsymbol{x}^{(n)}, \boldsymbol{x}^{(n')}|\boldsymbol{\omega}) = p(\boldsymbol{x}^{(n)}|\boldsymbol{\omega})p(\boldsymbol{x}^{(n')}|\boldsymbol{\omega})$ である）と仮定しました．このようなデータは**独立同分布 (independent and identically distributed)** データと呼ばれ，i.i.d. データと略されます．

4 章にて詳しく述べますが，共役事前分布はパラメータ $\boldsymbol{\omega} = (\boldsymbol{\mu}, \boldsymbol{\Sigma})$ のうちのどれをベイズ学習するかに依存して変わります．平均値パラメータ $\boldsymbol{\mu}$ のみをベイズ学習する場合にはガウス事前分布

$$p(\boldsymbol{\mu}|\boldsymbol{\mu}_0, \boldsymbol{\Sigma}_0) = \mathrm{Norm}_M(\boldsymbol{\mu}; \boldsymbol{\mu}_0, \boldsymbol{\Sigma}_0) = \frac{\exp\left(-\frac{1}{2}(\boldsymbol{\mu}-\boldsymbol{\mu}_0)^\top \boldsymbol{\Sigma}_0^{-1}(\boldsymbol{\mu}-\boldsymbol{\mu}_0)\right)}{(2\pi)^{M/2}|\boldsymbol{\Sigma}_0|^{1/2}},$$

共分散パラメータ（の逆数）$\boldsymbol{\Sigma}^{-1}$ のみをベイズ学習する際にはウィシャート分布 *2

$$p(\boldsymbol{\Sigma}^{-1}|\boldsymbol{V}_0, \nu_0) = \mathrm{W}_M(\boldsymbol{\Sigma}^{-1}; \boldsymbol{V}_0, \nu_0) \equiv \frac{|\boldsymbol{\Sigma}^{-1}|^{\frac{\nu_0-M-1}{2}} \exp\left(-\frac{\mathrm{tr}(\boldsymbol{V}_0^{-1}\boldsymbol{\Sigma}^{-1})}{2}\right)}{(2^{\nu_0}|\boldsymbol{V}_0|)^{M/2}\Gamma_M\left(\frac{\nu_0}{2}\right)},$$

$\boldsymbol{\mu}$ と $\boldsymbol{\Sigma}^{-1}$ の両方をベイズ学習する場合にはこれらを組み合わせたガウス-ウィシャート分布

$$p(\boldsymbol{\mu}, \boldsymbol{\Sigma}^{-1}|\boldsymbol{\mu}_0, \lambda_0, \boldsymbol{V}_0, \nu_0) = \mathrm{NormW}_M(\boldsymbol{\mu}, \boldsymbol{\Sigma}^{-1}; \boldsymbol{\mu}_0, \lambda_0, \boldsymbol{V}_0, \nu_0)$$

---

*2 $\Gamma_M(\cdot)$ はガンマ関数

$$\Gamma(x) = \Gamma_1(x) \equiv \int_0^\infty \exp(-s)\, s^{x-1} ds$$

の多次元拡張

$$\Gamma_M(x) \equiv \int_{\mathbb{S}_{++}^M} \exp(-\mathrm{tr}(\boldsymbol{S}))\, |\boldsymbol{S}|^{x-(M+1)/2} d\boldsymbol{S}$$

であり，M 次元ガンマ関数と呼ばれます．

$$\equiv \mathrm{Norm}_M(\boldsymbol{x}; \boldsymbol{\mu}, (\lambda_0 \boldsymbol{\Lambda})^{-1}) \mathrm{W}_M(\boldsymbol{\Lambda}; \boldsymbol{V}_0, \nu_0)$$

が共役事前分布になります．ここで，$\boldsymbol{\mu}_0, \boldsymbol{\Sigma}_0, \boldsymbol{V}_0, \nu_0, \lambda_0$ は超パラメータであり，事前知識に基づいて事前分布の形状を調整するために設定されるか，あるいは強い事前知識がない場合には経験ベイズ学習によって点推定されます．

パラメータ $\boldsymbol{\omega} = (\boldsymbol{\mu}, \boldsymbol{\Sigma})$ の一部をベイズ学習しない理由としては以下が挙げられます．

- なんらかの方法ですでにその値（あるいは精度よい推定値）が知られており，定数として取り扱うことができる．
- 超パラメータ $\boldsymbol{\kappa}$ の 1 成分として取り扱われ，経験ベイズ学習によって点推定される *3．

共分散パラメータが単位行列に比例する ($\boldsymbol{\Sigma} = \sigma^2 \boldsymbol{I}_M$) ガウス分布は，**等方的ガウス分布 (isotropic Gaussian distribution)** と呼ばれます．

$$p(\boldsymbol{x}|\boldsymbol{\mu}, \sigma^2) = \mathrm{Norm}_M(\boldsymbol{x}; \boldsymbol{\mu}, \sigma^2 \boldsymbol{I}_M) \tag{3.3}$$

図 3.1 に等方的および非等方的ガウス分布の確率密度関数と，それに従って生成されたサンプルの例を示します．

なお，共役事前分布はあくまでも計算に都合のよい事前分布であって，精度のよい推定を行うための最適な分布であるというわけでは必ずしもありません．したがって，共役事前分布が存在するモデル分布を用いる場合でも，あえて共役でない事前分布を用いて精度向上を図ることがあります．

3.2 線形回帰モデル

入力変数 $\boldsymbol{x} \in \mathbb{R}^M$ と出力変数 $y \in \mathbb{R}$ との組が，未知のモデルパラメータ $\boldsymbol{\omega} = (\boldsymbol{a}, \sigma^2)$ に依存する以下の確率的法則に従う確率モデルを考えます．

$$y = \boldsymbol{a}^\top \boldsymbol{x} + \varepsilon \tag{3.4}$$

*3 あるパラメータをベイズ学習するか点推定するかは，計算のしやすさと推定性能への影響を考慮して決定されるべきものです．この選択に関して，**7.4** 節にて最近の研究を紹介します．

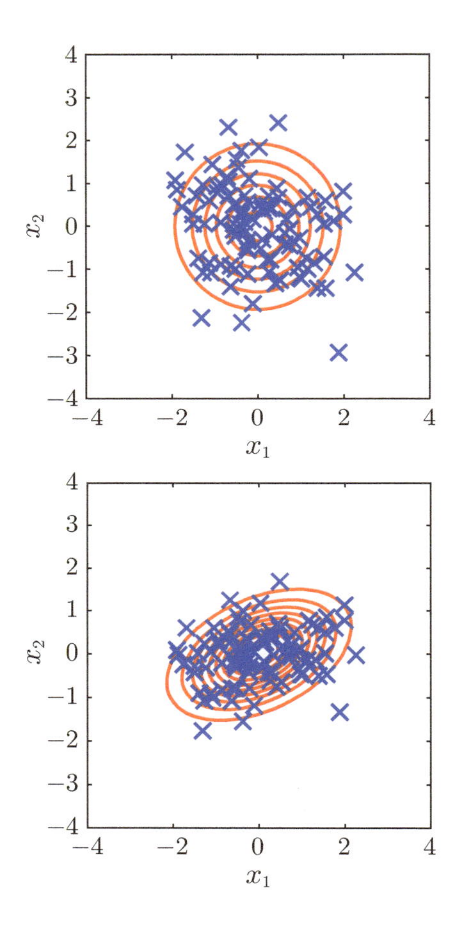

図 3.1 ガウス分布モデル． 上は等方的，下は非等方的．赤線は確率密度の等高線を表し，×印は分布に従って生成されたサンプルを表します．

$$p(\varepsilon|\sigma^2) = \mathrm{Norm}_1(\varepsilon; 0, \sigma^2) = \frac{\exp\left(-\frac{\varepsilon^2}{2\sigma^2}\right)}{\sqrt{2\pi\sigma^2}} \tag{3.5}$$

このモデルは線形回帰モデルと呼ばれます．式 (3.4) を変形して得られる $\varepsilon = y - \boldsymbol{a}^\top \boldsymbol{x}$ を式 (3.5) に代入することによって，

$$p(y|\boldsymbol{x},\boldsymbol{\omega}) = \mathrm{Norm}_1(y;\boldsymbol{a}^\top\boldsymbol{x},\sigma^2) = \frac{\exp\left(-\frac{(y-\boldsymbol{a}^\top\boldsymbol{x})^2}{2\sigma^2}\right)}{\sqrt{2\pi\sigma^2}} \tag{3.6}$$

と書けます．

N 個の入出力の組 $\mathcal{D}=\{(\boldsymbol{x}^{(1)},y^{(1)}),\ldots,(\boldsymbol{x}^{(N)},y^{(N)})\}$ が観測されたとします．観測ノイズ $\varepsilon^{(n)} = y^{(n)} - \boldsymbol{a}^\top\boldsymbol{x}^{(n)}$ が異なるサンプル間 $n \neq n'$ で独立であると仮定すると *4，モデル尤度は

$$\begin{aligned} p(\mathcal{D}|\boldsymbol{\omega}) &= p(\{\boldsymbol{x}^{(n)}\}_{n=1}^N)\prod_{n=1}^N p(\boldsymbol{y}^{(n)}|\boldsymbol{x}^{(n)},\boldsymbol{\omega}) \\ &= p(\{\boldsymbol{x}^{(n)}\}_{n=1}^N)\frac{\exp\left(-\frac{\sum_{n=1}^N\left\|y^{(n)}-\boldsymbol{a}^\top\boldsymbol{x}^{(n)}\right\|^2}{2\sigma^2}\right)}{(2\pi\sigma^2)^{N/2}} \\ &= \frac{\exp\left(-\frac{\|\boldsymbol{y}-\boldsymbol{X}\boldsymbol{a}\|^2}{2\sigma^2}\right)}{(2\pi\sigma^2)^{N/2}} \end{aligned} \tag{3.7}$$

となります．最後の式では，N 個のサンプルの入出力を行列とベクトルの形にまとめた表現

$$\boldsymbol{y} = (y^{(1)},\ldots,y^{(N)})^\top \in \mathbb{R}^N, \qquad \boldsymbol{X} = (\boldsymbol{x}^{(1)},\ldots,\boldsymbol{x}^{(N)})^\top \in \mathbb{R}^{N\times M}$$

を用いました．また，入力変数を既知の定数として取り扱い，$p(\{\boldsymbol{x}^{(n)}\}_{n=1}^N) = p(\boldsymbol{X}) = 1$ としました *5．

線形回帰モデルは，入力 $\boldsymbol{x}$ と出力 y との関係を**関数フィッティング (curve fitting)** する際に最もよく利用されるモデルです．いわゆる**最小二乗法 (least squares method)** は，このモデルの最尤推定法に相当します．低次元の入力変数 $\boldsymbol{t}$ を高次元の入力変数 $\boldsymbol{x}$ に非線形写像することによって，$\boldsymbol{t}$ に関して非線形な入出力関係を表現することもできます．例えば，1 次元の入力変数 $t \in \mathbb{R}$ を M 次元の入力変数 $\boldsymbol{x} = (1,t,t^2,\ldots,t^{M-1})^\top \in \mathbb{R}^M$ に写像すると，式 (3.4) は $(M-1)$ 次多項式回帰モデルとなります．

---

*4 回帰モデルにおいて，入力 $(\boldsymbol{x}^{(1)},\ldots,\boldsymbol{x}^{(N)})$ が独立である（すなわち，$p(\{\boldsymbol{x}^{(n)}\}_{n=1}^N) = \prod_{n=1}^N p(\boldsymbol{x}^{(n)})$ と分解できる）ことは通常仮定しません．$(\boldsymbol{x}^{(1)},\ldots,\boldsymbol{x}^{(N)})$ を例えばグリッド上に並べたり，あるいは学習状況に応じて最適化（能動学習）することもあります．

*5 $p(\mathcal{D}|\boldsymbol{\omega}) = p(\boldsymbol{y},\boldsymbol{X}|\boldsymbol{\omega})$ のかわりに $p(\boldsymbol{y}|\boldsymbol{X},\boldsymbol{\omega})$ をモデル尤度と考えることと等価です．

$$y = \boldsymbol{a}^\top \boldsymbol{x} + \varepsilon = \sum_{m=1}^{M} a_m t^{m-1} + \varepsilon$$

回帰パラメータ $\boldsymbol{a}$ のみをベイズ学習する場合はガウス分布

$$p(\boldsymbol{a}|\boldsymbol{a}_0, \boldsymbol{\Sigma}_0) = \mathrm{Norm}_M(\boldsymbol{a}; \boldsymbol{a}_0, \boldsymbol{\Sigma}_0),$$

ノイズ分散パラメータ（の逆数）σ^{-2} のみをベイズ学習する場合はガンマ分布

$$\begin{aligned} p(\sigma^{-2}|\alpha_0, \beta_0) &= \mathrm{Ga}(\sigma^{-2}; \alpha_0, \beta_0) \\ &\equiv \frac{\beta_0^{\alpha_0}}{\Gamma(\alpha_0)} (\sigma^{-2})^{\alpha_0 - 1} \exp(-\beta_0 \sigma^{-2}), \end{aligned}$$

$\boldsymbol{a}$ および σ^{-2} の両方をベイズ学習する場合はガウス–ガンマ分布

$$\begin{aligned} p(\boldsymbol{a}, \sigma^{-2}|\boldsymbol{\mu}_0, \boldsymbol{\Lambda}_0, \alpha_0, \beta_0) &= \mathrm{NormGa}_M(\boldsymbol{a}, \sigma^{-2}; \boldsymbol{\mu}_0, \boldsymbol{\Lambda}_0, \alpha_0, \beta_0) \\ &\equiv \mathrm{Norm}_M(\boldsymbol{x}; \boldsymbol{\mu}, (\tau \boldsymbol{\Lambda})^{-1}) \mathrm{Ga}(\tau; \alpha, \beta) \end{aligned}$$

が共役事前分布になります.

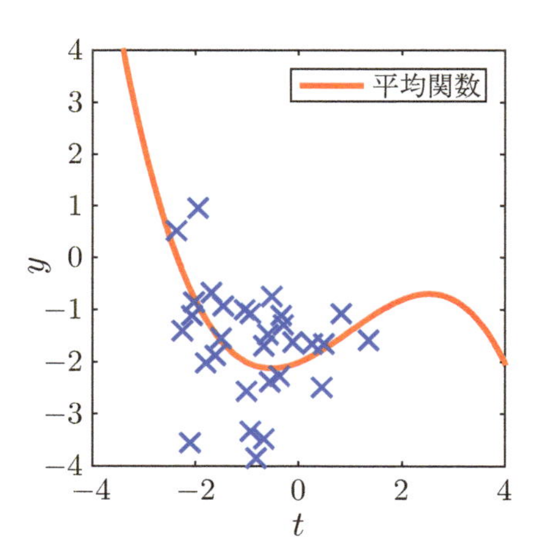

図 3.2　線形回帰モデル $y = \boldsymbol{a}^{*\top} \boldsymbol{x} + \varepsilon$. 赤線は平均関数 $y = \boldsymbol{a}^{*\top} \boldsymbol{x}$ を表し，×印は $N = 30$ 個のサンプルを表します．ただし，$\boldsymbol{a}^* = (-2, 0.4, 0.3, -0.1)^\top$，$\boldsymbol{x} = (1, t, t^2, t^3)^\top$，$\varepsilon \sim \mathrm{Norm}_1(0, 1^2)$ であり，t は $[-2.4, 1.6]$ 上の均一分布に従うとしました.

図 **3.2** に，線形回帰モデルの例を示します．

3.3　自動関連度決定モデル

観測値 $\boldsymbol{y} \in \mathbb{R}^L$ が，未知変数 $\boldsymbol{a} \in \mathbb{R}^M$ に依存して以下のように生成されるモデルを考えます．

$$\boldsymbol{y} = \boldsymbol{X}\boldsymbol{a} + \boldsymbol{\varepsilon} \tag{3.8}$$

ここで，$\boldsymbol{X} \in \mathbb{R}^{L\times M}$ は既知の行列であり，**計画行列 (design matrix)** と呼ばれます．

ノイズ $\boldsymbol{\varepsilon} \in \mathbb{R}^L$ の各成分が独立にガウス分布に従うと仮定すると，観測データ $\mathcal{D} = \boldsymbol{y}$ およびモデルパラメータ $\boldsymbol{\omega} = (\boldsymbol{a}, \sigma^2)$ に対するモデル尤度は

$$p(\mathcal{D}|\boldsymbol{\omega}) = \mathrm{Norm}_L(\boldsymbol{y}; \boldsymbol{X}\boldsymbol{a}, \sigma^2 \boldsymbol{I}_L) = \frac{\exp\left(-\frac{\|\boldsymbol{y}-\boldsymbol{X}\boldsymbol{a}\|^2}{2\sigma^2}\right)}{(2\pi\sigma^2)^{L/2}} \tag{3.9}$$

で与えられます．このモデルは**線形ガウスモデル (linear Gaussian model)** と呼ばれます．線形回帰モデル (3.7) は，$L = N$ 次元の線形ガウスモデルです．

$\boldsymbol{y}$ は L 次元ベクトルなので，式 (3.8) は L 個の等式から成り立っています．したがって，$L < M$ の場合にはたとえノイズがなくても ($\boldsymbol{\varepsilon} = \boldsymbol{0}$)，$\boldsymbol{a}$ を一意に推定することはできません．このような状況を，問題が**不良設定 (ill-posed)** である，あるいは未知変数 $\boldsymbol{a}$ が**識別不能 (non-identifiable)** であるといいます．最小二乗法による関数フィッティングにおいて，サンプル数 N がモデルの自由度 M よりも小さいと解が求まらないことはよく知られていますが，これはパラメータが識別不能であるためです．

$\boldsymbol{a}$ 上の事前分布として例えば等方的ガウス分布 $p(\boldsymbol{a}) = \mathrm{Norm}_M(\boldsymbol{a}; \boldsymbol{0}, \sigma_0^2 \boldsymbol{I}_M)$ を用いれば，不良設定問題は解消されて解は一意に求まります．このとき $\boldsymbol{a}$ の事後確率最大化推定量は

$$\widehat{\boldsymbol{a}}^{\mathrm{MAP}} = \underset{\boldsymbol{a}}{\mathrm{argmin}} \frac{\|\boldsymbol{y} - \boldsymbol{X}\boldsymbol{a}\|^2}{\sigma^2} + \frac{\|\boldsymbol{a}\|^2}{\sigma_0^2} \tag{3.10}$$

で与えられ，これは正則化法の 1 つである**リッジ回帰 (ridge regression)** と等価です．

さらに，以下の形を持つ**自動関連度決定事前分布** (**automatic relevance determination** (**ARD**) **prior**) を用いて超パラメータ $\boldsymbol{C}$ を経験ベイズ学習すると，$L < M$ である場合でも精度よい推定が可能である場合があります．

$$p(\boldsymbol{a}|\boldsymbol{C}) = \mathrm{Norm}_M(\boldsymbol{a}; \boldsymbol{0}, \boldsymbol{C}) = \prod_{m=1}^{M} \frac{\exp\left(-\frac{a_m^2}{2c_m^2}\right)}{\sqrt{2\pi c_m^2}} \tag{3.11}$$

ここで，事前共分散に対応する超パラメータ $\boldsymbol{C} = \mathbf{Diag}(c_1^2, \ldots, c_M^2) \in \mathbb{D}^M$ は対角行列に制限します．この確率モデル (3.9) および (3.11) は**自動関連度決定モデル** (**automatic relevance determination** (**ARD**) **model**) と呼ばれます．

自動関連度決定事前分布 (3.11) を用いて経験ベイズ学習を行うと何が起こるのでしょうか？　2 章において，経験ベイズ学習がモデル選択に相当することを説明しました．事前分布 (3.11) は，平均が $\boldsymbol{0}$ で，分散 c_m^2 が成分 m ごとに異なる事前分布です．c_m^2 が非常に小さいとき，対応する成分が $a_m = 0$ である確率が非常に大きくなりますが，これは m 番目の入力 x_m が観測データ $\boldsymbol{y}$ を説明するために不必要である，すなわち x_m と $\boldsymbol{y}$ との間に**関連がない**という仮説に対応します．

経験ベイズ学習によって超パラメータ $\boldsymbol{C}$ を推定することは，未知パラメータの各成分ごとに，観測データとの関連が強いモデル（事前分布）あるいは弱いモデルを選択することに相当します．その結果，経験ベイズ学習によって得られる推定量 $\widehat{\boldsymbol{a}}^{\mathrm{EB}}$ は，多くの 0 成分を持つ**疎なベクトル** (**sparse vector**) になる傾向にあります．

$\boldsymbol{a}$ の推定量として疎なベクトルが得られるということは，線形回帰モデルにおいて，少数の入力成分で出力を説明することに相当しますので，自動関連度決定モデルは**特徴選択** (**feature selection**)（あるいは**変数選択** (**variable selection**)）に用いることができます．また，例えば自然画像が**ウェーブレット空間** (**wavelet space**) 上の疎なベクトルで精度よく近似できるという性質を利用して不良設定問題を解く，**圧縮センシング** (**compressed sensing**) にも利用できます．

この自動関連度決定モデルについては，5 章にて経験ベイズ学習アルゴリズムを導出し，その振る舞いを調べます．

3.4 多項分布モデル

排反な K 種類の事象が確率

$$\boldsymbol{\theta} = (\theta_1, \ldots, \theta_K) \in \Delta^{K-1} \equiv \left\{ \boldsymbol{\theta} \in \mathbb{R}^K ; 0 \leq \theta_k \leq 1, \sum_{k=1}^{K} \theta_k = 1 \right\}$$

で起こるとします．ここで，Δ^{K-1} は $(K-1)$ 次元**標準シンプレックス** (**standard simplex**) と呼ばれます．この試行を独立に N 回繰り返したときのヒストグラム

$$\boldsymbol{x} = (x_1, \ldots, x_K) \in \mathbb{H}_N^{K-1} \equiv \left\{ \boldsymbol{x} \in \mathbb{I}^K ; 0 \leq x_k \leq N; \sum_{k=1}^{K} x_k = N \right\}$$

は**多項分布** (**multinomial distribution**)

$$p(\boldsymbol{x}|\boldsymbol{\theta}) = \mathrm{Multi}_{K,N}(\boldsymbol{x}; \boldsymbol{\theta}) \equiv N! \prod_{k=1}^{K} \frac{\theta_k^{x_k}}{x_k!} \tag{3.12}$$

に従います．ここで，$\mathbb{I}^K$ は K 個の整数からなるベクトルの集合であり，$\mathbb{H}_N^{K-1}$ は N サンプル，K カテゴリーヒストグラムの集合です．

多項分布はガウス分布と並ぶ基本的な確率分布の 1 つであり，3.6〜3.8 節で紹介する混合分布モデルや潜在的ディリクレ配分モデルの構成要素として，ベイズ学習においてよく利用されます．

ヒストグラム観測値 $\mathcal{D} = \boldsymbol{x}$ が多項分布に従うモデル (3.12) を**多項分布モデル** (**multinomial model**) と呼びます．未知パラメータ $\boldsymbol{\omega} = \boldsymbol{\theta}$ に関する共役事前分布は，Δ^{K-1} 上の確率分布であるディリクレ分布

$$p(\boldsymbol{\theta}|\boldsymbol{\phi}) = \mathrm{Dir}_K(\boldsymbol{\theta}; \boldsymbol{\phi}) = \frac{\Gamma(\sum_{k=1}^{K} \phi_k)}{\prod_{k=1}^{K} \Gamma(\phi_k)} \prod_{k=1}^{K} \theta_k^{\phi_k - 1}$$

です．

3.5 行列分解モデル

行列の形で与えられる観測データ $\mathcal{D} = \boldsymbol{V} \in \mathbb{R}^{L\times M}$ を考えます．この観測行列が，**低ランク (low-rank)** の信号行列 $\boldsymbol{U} \in \mathbb{R}^{L\times M}$ とノイズ行列 $\boldsymbol{\mathcal{E}} \in \mathbb{R}^{L\times M}$ との和で表されると仮定します．

$$\boldsymbol{V} = \boldsymbol{U} + \boldsymbol{\mathcal{E}}$$

行列 $\boldsymbol{U}$ を低ランクに制限するためには，積の形

$$\boldsymbol{U} = \boldsymbol{B}\boldsymbol{A}^\top$$

で表現するのが便利です．ここで，$\boldsymbol{A} \in \mathbb{R}^{M\times H}, \boldsymbol{B} \in \mathbb{R}^{L\times H}, H \leq \min(L, M)$ です．**図 3.3** に示すように，（ランクが高々 H である）細長い行列の積として表現すれば，$\boldsymbol{U}$ のランクは自動的に H 以下になります．

本書を通して，行列の列ベクトルを太字の小文字で，行ベクトルをチルダ付きの太字の小文字で表します．例えば

$$\boldsymbol{A} = (\boldsymbol{a}_1, \ldots, \boldsymbol{a}_H) = (\widetilde{\boldsymbol{a}}_1, \ldots, \widetilde{\boldsymbol{a}}_M)^\top \in \mathbb{R}^{M\times H}$$

とします．また，行列の成分を $A_{m,h}$ のように表します．

ノイズ行列 $\boldsymbol{\mathcal{E}}$ の各成分が独立にガウス分布 $\mathrm{Norm}_1(\mathcal{E}_{l,m}\ ;\ 0, \sigma^2)$ に従うと仮定すると，観測行列 $\boldsymbol{V}$ の確率分布は以下で与えられます．

$$p(\boldsymbol{V}|\boldsymbol{A}, \boldsymbol{B}, \sigma^2) = \prod_{l=1}^{L}\prod_{m=1}^{M} \mathrm{Norm}_1(V_{l,m}; \widetilde{\boldsymbol{b}}_l^\top \widetilde{\boldsymbol{a}}_m, \sigma^2)$$

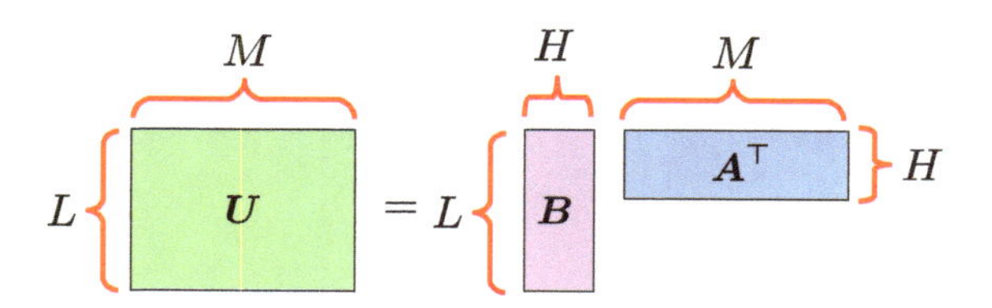

図 3.3 行列分解モデル．信号行列 $\boldsymbol{U} \in \mathbb{R}^{L\times M}$ は低ランクであり，細長い行列 $\boldsymbol{A} \in \mathbb{R}^{M\times H}$ および $\boldsymbol{B} \in \mathbb{R}^{L\times H}$ の積で表現できると仮定します．

$$= \frac{\exp\left(-\frac{1}{2\sigma^2}\|\boldsymbol{V} - \boldsymbol{B}\boldsymbol{A}^\top\|_{\mathrm{Fro}}^2\right)}{(2\pi\sigma^2)^{LM/2}} \tag{3.13}$$

ここで，$\|\cdot\|_{\mathrm{Fro}}$ は**フロベニウスノルム (Frobenius norm)**（行列の全成分の二乗和 $\|\boldsymbol{V}\|_{\mathrm{Fro}} = \sum_{l=1}^{L}\sum_{m=1}^{M} V_{l,m}^2$）を表します．

変分ベイズ学習を可能にするために，行列 $\boldsymbol{A}$ および行列 $\boldsymbol{B}$ それぞれに対して**条件付き共役**であるガウス事前分布を用います [*6]．

$$p(\boldsymbol{A}|\boldsymbol{C}_A) = \prod_{m=1}^{M} \mathrm{Norm}_H(\widetilde{\boldsymbol{a}}_m; \boldsymbol{0}, \boldsymbol{C}_A)$$

$$= \frac{\exp\left(-\frac{1}{2}\mathrm{tr}\left(\boldsymbol{A}\boldsymbol{C}_A^{-1}\boldsymbol{A}^\top\right)\right)}{(2\pi)^{MH/2}|\boldsymbol{C}_A|^{M/2}} \tag{3.14}$$

$$p(\boldsymbol{B}|\boldsymbol{C}_B) = \prod_{l=1}^{L} \mathrm{Norm}_H(\widetilde{\boldsymbol{b}}_l; \boldsymbol{0}, \boldsymbol{C}_B)$$

$$= \frac{\exp\left(-\frac{1}{2}\mathrm{tr}\left(\boldsymbol{B}\boldsymbol{C}_B^{-1}\boldsymbol{B}^\top\right)\right)}{(2\pi)^{LH/2}|\boldsymbol{C}_B|^{L/2}} \tag{3.15}$$

ここで，$\mathrm{tr}(\cdot)$ は行列の**トレース (trace)**（正方行列の対角成分の和 $\mathrm{tr}(\boldsymbol{C}) = \sum_{h=1}^{H} C_{h,h}$）です．自動関連度決定によって適切なランクを推定したい場合には，対角な事前共分散行列

$$\boldsymbol{C}_A = \mathbf{Diag}(c_{a_1}^2, \ldots, c_{a_H}^2),$$
$$\boldsymbol{C}_B = \mathbf{Diag}(c_{b_1}^2, \ldots, c_{b_H}^2)$$

が用いられます．ここで，$\mathrm{Diag}(c_1, \ldots, c_H)$ は $c_1, \ldots, c_H$ を対角成分に持つ対角行列を表します．

モデル尤度 (3.13) と事前分布 (3.14) および (3.15) によって規定される確率モデルは**行列分解モデル (matrix factorization model)** と呼ばれます．以下に，その応用例を 3 つ挙げます．

確率的主成分分析

行列分解モデルはもともと，古典的な手法である主成分分析を確率的に解

*6 条件付き共役性とその役割は 6 章にてあきらかになります．

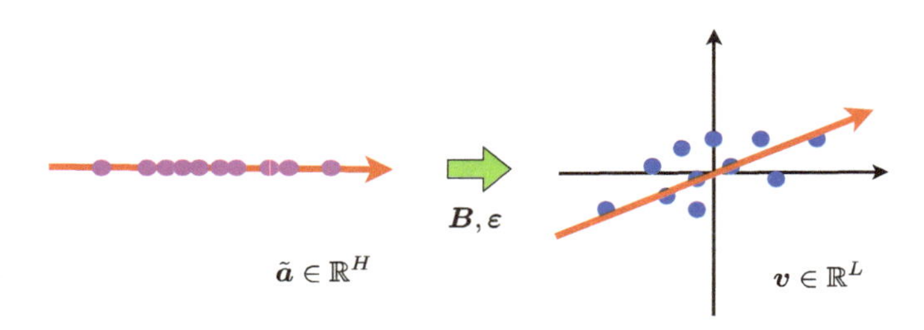

図 3.4 確率的主成分分析モデル (3.16)．観測ベクトル $\boldsymbol{v}$ は，H 次元空間上の潜在変数（信号）$\widetilde{\boldsymbol{a}}$ が，線形写像行列 $\boldsymbol{B}$ によって L $(\geq H)$ 次元空間に写像された後，ノイズ $\boldsymbol{\varepsilon}$ が加算されたものであると考えます．

釈するために導入されたため，**確率的主成分分析** (**probabilistic principal component analysis**) モデルとも呼ばれます [1]．観測値 $\boldsymbol{v} \in \mathbb{R}^L$ が，潜在変数 $\widetilde{\boldsymbol{a}} \in \mathbb{R}^H$ に以下の形で依存する確率モデルを考えます．

$$\boldsymbol{v} = \boldsymbol{B}\widetilde{\boldsymbol{a}} + \boldsymbol{\varepsilon} \tag{3.16}$$

ここで，$\boldsymbol{B} \in \mathbb{R}^{L \times H}$ は低次元潜在変数空間 $\mathbb{R}^H$ から高次元データ空間 $\in \mathbb{R}^L$ への線形写像であり，未知パラメータのうちの 1 つです．また，$\boldsymbol{\varepsilon} \in \mathbb{R}^L$ は観測ノイズであり，成分ごとに独立なガウス分布 $\boldsymbol{\varepsilon} \sim \mathrm{Norm}_L(\boldsymbol{0}, \sigma^2 \boldsymbol{I}_L)$ に従うと仮定します（**図 3.4** 参照）．

M 個の観測値 $\boldsymbol{V} = (\boldsymbol{v}_1, \ldots, \boldsymbol{v}_M)$ が与えられたとします．これらが $\widetilde{\boldsymbol{a}} \sim \mathrm{Norm}_H(\boldsymbol{0}, \boldsymbol{I}_H)$ に従う潜在変数 $\boldsymbol{A}^\top = (\widetilde{\boldsymbol{a}}_1, \ldots, \widetilde{\boldsymbol{a}}_M)$ に式 (3.16) の形で依存するとすると，その確率分布は式 (3.13) および式 (3.14) において，$\boldsymbol{C}_A = \boldsymbol{I}_H$ としたものに一致します．線形写像行列 $\boldsymbol{B}$ 上にも事前分布 (3.15) を導入すれば，行列分解モデル (3.13)〜(3.15) の確率的主成分分析モデルとしての解釈が得られます．

主成分分析によって次元削減を適切に行うためには，潜在変数 $\widetilde{\boldsymbol{a}}$ の空間の次元である，行列 $\boldsymbol{U}$ のランク H を適切に設定することが重要です．ベイズ学習が提供するモデル選択機能を用いれば，H を観測データから適切に推定することができます．7 章において，フルランク $H = \min(L, M)$ の行列分解モデルを用いたときに，経験変分ベイズ推定量 $\widehat{\boldsymbol{U}}^{\mathrm{EVB}} = \widehat{\boldsymbol{B}}\widehat{\boldsymbol{A}}^\top$ のランクが正しいランクに一致することをある条件下で保証する理論を紹介します．

すなわち，計算量が許す限り大きいランクの行列分解モデルを用いて確率的主成分分析を行うだけで，妥当なランクが自動的に選択されるのです．

縮小ランク回帰モデル

多次元の入力 $\boldsymbol{x} \in \mathbb{R}^M$ と出力 $\boldsymbol{y} \in \mathbb{R}^L$ の関係を低ランク写像で回帰する**縮小ランク回帰モデル (reduced rank regression model)**

$$\boldsymbol{y} = \boldsymbol{B}\boldsymbol{A}^\top \boldsymbol{x} + \boldsymbol{\varepsilon} \tag{3.17}$$

も，入出力データに対する前処理を前提とすることによって行列分解モデルの特別な場合と解釈できます．ここで，ノイズはガウス分布 $\boldsymbol{\varepsilon} \sim \mathrm{Norm}_L(\boldsymbol{0}, \sigma'^2 \boldsymbol{I}_L)$ に従うと仮定します．

縮小ランク回帰モデルは，入力 $\boldsymbol{x}$ を $\boldsymbol{A}^\top \in \mathbb{R}^{H \times M}$ によって低次元（H 次元）空間に写像した後，$\boldsymbol{B} \in \mathbb{R}^{L \times H}$ によって出力空間に写像する**線形神経回路網 (linear neural networks)** と解釈することもできます（図 **3.5**）．

N 個の入出力データ

$$\mathcal{D} = \left\{ (\boldsymbol{x}^{(n)}, \boldsymbol{y}^{(n)}) | \boldsymbol{x}^{(n)} \in \mathbb{R}^M, \boldsymbol{y}^{(n)} \in \mathbb{R}^L, n = 1, \ldots, N \right\} \tag{3.18}$$

が観測されたとすると，モデル尤度は

$$p(\mathcal{D}|\boldsymbol{A}, \boldsymbol{B}, \sigma'^2) \propto \exp\left(-\frac{1}{2\sigma'^2} \sum_{n=1}^{N} \| \boldsymbol{y}^{(n)} - \boldsymbol{B}\boldsymbol{A}^\top \boldsymbol{x}^{(n)} \|^2 \right) \tag{3.19}$$

で与えられます．

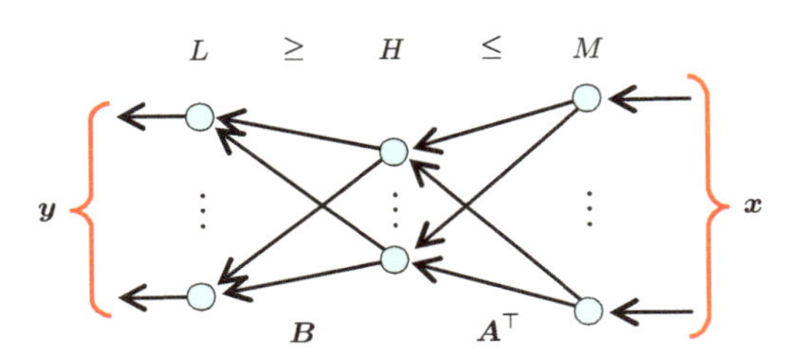

図 3.5 縮小ランク回帰モデル (3.17)．M 次元空間上の入力 $\boldsymbol{x}$ は，いったん $H \leq \min(L, M)$ 次元空間に写像した後，L 次元空間に写像します．これにノイズが加算されたものが出力 $\boldsymbol{y}$ として観測されます．

入力はあらかじめ白色化され，出力は中心化されていると仮定します．すなわち，以下が満たされます．

$$\frac{1}{N}\sum_{n=1}^{N}\boldsymbol{x}^{(n)}=\boldsymbol{0}, \qquad \frac{1}{N}\sum_{n=1}^{N}\boldsymbol{y}^{(n)}=\boldsymbol{0},$$
$$\frac{1}{N}\sum_{n=1}^{N}\boldsymbol{x}^{(n)}\boldsymbol{x}^{(n)\top}=\boldsymbol{I}_M$$

入出力間の共分散行列を観測行列

$$\boldsymbol{V}=\frac{1}{N}\sum_{n=1}^{N}\boldsymbol{y}^{(n)}\boldsymbol{x}^{(n)\top} \tag{3.20}$$

とし，スケールを以下のように修正したノイズ分散

$$\sigma^2=\frac{\sigma'^2}{N} \tag{3.21}$$

を考えます．すると，モデル尤度 (3.19) は未知パラメータ $\boldsymbol{\omega}=(\boldsymbol{A},\boldsymbol{B})$ の関数として以下のように書けます．

$$p(\mathcal{D}|\boldsymbol{A},\boldsymbol{B},\sigma^2)\propto\exp\left(-\frac{1}{2\sigma^2}\|\boldsymbol{V}-\boldsymbol{B}\boldsymbol{A}^\top\|_{\mathrm{Fro}}^2\right) \tag{3.22}$$

したがって，未知パラメータ $\boldsymbol{\omega}=(\boldsymbol{A},\boldsymbol{B})$ の推定に関する限り，縮小ランク回帰モデルは行列分解モデル (3.13) の特別な場合とみなせます．ただし，モデル尤度（のうちの式 (3.22) では省略されている項）のノイズ分散 σ^2 依存性は行列分解モデルのそれとは異なりますので，経験ベイズ学習によって σ^2 を学習する際には注意が必要です [8]．

協調フィルタリング

観測行列 $\boldsymbol{V}$ の一部が欠損値を持つ状況を考えると，さらに応用が広がります．$\boldsymbol{V}\in\mathbb{R}^{L\times M}$ の成分のうち，観測されているものの集合を Λ とすると，モデル分布は

$$p(\boldsymbol{V}|\boldsymbol{A},\boldsymbol{B},\sigma^2)=\prod_{(l,m)\in\Lambda}\mathrm{Norm}_1(V_{l,m};\widetilde{\boldsymbol{b}}_l^\top\widetilde{\boldsymbol{a}}_m,\sigma^2)$$

item 1 item 2 item 3 … item M

$$
\boldsymbol{V} = \begin{pmatrix}
3 & * & * & 5 & * & * & \cdots & * \\
* & * & 2 & * & * & 5 & \cdots & 5 \\
* & * & * & * & * & * & \cdots & * \\
3 & 1 & 4 & * & 4 & * & \cdots & * \\
* & 3 & 3 & * & * & 5 & \cdots & * \\
 & & & & \vdots & & & \\
* & * & 5 & 5 & * & 5 & \cdots & *
\end{pmatrix}
\begin{matrix} \text{user 1} \\ \text{user 2} \\ \text{user 3} \\ \\ \vdots \\ \\ \text{user L} \end{matrix}
$$

図 3.6 協調フィルタリングによる推薦システムでは，ユーザーの嗜好を表現すると仮定される低ランク行列を，観測された成分のみから推定します．推定された低ランク行列に基いて欠損値 $*$ を予測することによって，ユーザーが好むと予測されるアイテムを推薦します．

$$
= \frac{\exp\left(-\frac{1}{2\sigma^2}\|\mathcal{P}_\Lambda(\boldsymbol{V}) - \mathcal{P}_\Lambda(\boldsymbol{B}\boldsymbol{A}^\top)\|^2_{\mathrm{Fro}}\right)}{(2\pi\sigma^2)^{\#(\Lambda)/2}} \tag{3.23}
$$

と書くことができます．ここで，$\mathcal{P}_\Lambda(\boldsymbol{V}) : \mathbb{R}^{L\times M} \mapsto \mathbb{R}^{L\times M}$ は観測値を観測値そのものに，未観測値を 0 に写像する関数

$$
(\mathcal{P}_\Lambda(\boldsymbol{V}))_{l,m} = \begin{cases} V_{l,m} & \text{if } (l,m) \in \Lambda \\ 0 & \text{otherwise} \end{cases}
$$

であり，$\#(\Lambda)$ は集合の数（ここでは観測された成分の数）を意味します．

図 **3.6** のような，ユーザー（user）が商品（item）をどのくらい好むかを示す表が与えられているとします．すべてのユーザーがすべての商品を購入したわけではないので，この表には多くの欠損値 $*$ が含まれます．観測行列 $\boldsymbol{V}$ を低ランク行列 $\boldsymbol{U}$ で近似することによって欠損値を予測する方法は**協調フィルタリング (collaborative filtering)** と呼ばれ，映画や書籍などの推薦システムに応用されています．

3.6 混合分布モデル

ガウス分布や多項分布のような基本的な分布の重ね合わせによって作られるモデル

$$p(\boldsymbol{x}|\boldsymbol{\omega}) = \sum_{k=1}^{K} \alpha_k p(\boldsymbol{x}|\boldsymbol{\tau}_k) \tag{3.24}$$

は**混合分布モデル** (**mixture model**) と呼ばれます．個々の成分の分布 $p(\boldsymbol{x}|\boldsymbol{\tau}_k)$ は**混合成分** (**mixture component**) と呼ばれ，それぞれ異なるパラメータ $\boldsymbol{\tau}_k$ を持ちます．$\boldsymbol{\alpha} = (\alpha_1, \ldots, \alpha_k)$ は**混合重み** (**mixture weights**) パラメータであり，$(K-1)$ 次元標準シンプレックス $\Delta^{K-1} \equiv \{\boldsymbol{\alpha} \in \mathbb{R}^K; 0 \leq \alpha_k \leq 1, \sum_{k=1}^{K} \alpha_k = 1\}$ に値をとります．このモデルの未知パラメータは $\boldsymbol{\omega} = (\boldsymbol{\alpha}, \boldsymbol{\tau}_1, \ldots, \boldsymbol{\tau}_K)$ です．

N 個の i.i.d. 観測データ $\mathcal{D} = \{\boldsymbol{x}^{(1)}, \ldots, \boldsymbol{x}^{(N)}\}$ が与えられたとすると，モデル尤度は

$$p(\mathcal{D}|\boldsymbol{\omega}) = \prod_{n=1}^{N} p(\boldsymbol{x}^{(n)}|\boldsymbol{\omega}) = \prod_{n=1}^{N} \left(\sum_{k=1}^{K} \alpha_k p(\boldsymbol{x}|\boldsymbol{\tau}_k) \right) \tag{3.25}$$

となります．このモデル尤度は，複数の混合成分が複雑にかけあわされた $O(K^N)$ 個の項を持つため，計算が非常に困難です．実際，実用的な K および N の値に対しては，最尤推定法や事後確率最大化推定法さえ適用することができません．

しかし，式 (3.24) を補助的な未知変数に関する周辺尤度と考えると，モデル尤度を取り扱いやすくなります．以下の確率モデルを考えます．

$$p(\boldsymbol{z}|\boldsymbol{\omega}) = \mathrm{Multi}_{K,1}(\boldsymbol{z}; \boldsymbol{\alpha}) = \prod_{k=1}^{K} \alpha_k^{z_k} \tag{3.26}$$

$$p(\boldsymbol{x}|\boldsymbol{z}, \boldsymbol{\omega}) = \prod_{k=1}^{K} \{p(\boldsymbol{x}|\boldsymbol{\tau}_k)\}^{z_k} \tag{3.27}$$

このモデルでは，まず多項分布 (3.26) に従って，各サンプルがどの混合成分 k に属するかを記述する**潜在（隠れ）変数** (**latent (hidden) variable**)$\boldsymbol{z} \in \mathbb{H}_1^{K-1} = \{\boldsymbol{e}_k\}_{k=1}^{K}$ が生成され，次に式 (3.27) に従って，潜在変数が指定する混合成分から観測値 $\boldsymbol{x}$ が生成されます．ここで，$\boldsymbol{e}_k \in \{0,1\}^K$ は k 番目の成分のみが 1 であり，その他の成分が 0 である K 次元の 2 値ベクトル

$$\boldsymbol{e}_k = (\underbrace{0, \ldots, 0, \overbrace{1}^{k \text{番目}}, 0, \ldots, 0}_{K})$$

であり，$\boldsymbol{z} = \boldsymbol{e}_k$ のとき，サンプルが k 番目の混合成分から生成されたことを意味します．この表現は **1-of-K 表現 (one-of-K representation)** と呼ばれ，そのとりうる値の集合 $\{\boldsymbol{e}_k\}_{k=1}^K$ は 1 サンプルヒストグラムの集合 $\mathbb{H}_1^{K-1}$ に一致します．

確率モデル (3.26) および (3.27) から，潜在変数 $\boldsymbol{z}$ を**積分消去 (integrate out)** して $\boldsymbol{x}$ に関する周辺尤度を計算すると，元の混合分布 (3.24) に一致することが容易に確認できます．

$$p(\boldsymbol{x}|\boldsymbol{\omega}) = \sum_{\boldsymbol{z} \in \{\boldsymbol{e}_k\}_{k=1}^K} p(\boldsymbol{x}, \boldsymbol{z}|\boldsymbol{\omega}) = \sum_{k=1}^K \alpha_k p(\boldsymbol{x}|\boldsymbol{\tau}_k)$$

ここで，観測値 $\boldsymbol{x}$ と潜在変数 $\boldsymbol{z}$ の同時分布

$$p(\boldsymbol{x}, \boldsymbol{z}|\boldsymbol{\omega}) = p(\boldsymbol{x}|\boldsymbol{z}, \boldsymbol{\omega}) p(\boldsymbol{z}|\boldsymbol{\omega}) = \prod_{k=1}^K \{\alpha_k p(\boldsymbol{x}|\boldsymbol{\tau}_k)\}^{z_k} \tag{3.28}$$

を用いました．

N 個の i.i.d. 観測データ $\mathcal{D} = \{\boldsymbol{x}^{(1)}, \ldots, \boldsymbol{x}^{(N)}\}$ に対して，それぞれに対応する N 個の潜在変数 $\mathcal{H} = \{\boldsymbol{z}^{(1)}, \ldots, \boldsymbol{z}^{(N)}\}$ を導入します．すると，観測データと潜在変数の同時分布は

$$p(\mathcal{D}, \mathcal{H}|\boldsymbol{\omega}) = \prod_{n=1}^N p(\boldsymbol{x}^{(n)}, \boldsymbol{z}^{(n)}|\boldsymbol{\omega}) = \prod_{n=1}^N \prod_{k=1}^K \left\{\alpha_k p(\boldsymbol{x}^{(n)}|\boldsymbol{\tau}_k)\right\}^{z_k^{(n)}} \tag{3.29}$$

で与えられます．（潜在変数 $\mathcal{H}$ を周辺化して得られる）観測データに関する周辺分布 (3.25) が多くの複雑な項を持っていたのに対し，式 (3.29) は単項式であり，観測値ごとおよび混合成分ごとに因数分解できる扱いやすい形をしています．式 (3.29) は**完全尤度 (complete likelihood)** と呼ばれ，混合分布モデルにおける最尤推定法，事後確率最大化推定法およびベイズ学習を含むほとんどすべての学習法はこの完全尤度に基づいて行われます．

3.7 節および 3.8 節で 2 種類の混合分布モデルを紹介します．変分ベイズ学習を導出する際に必要な条件付き共役事前分布は，混合重みパラメータ $\boldsymbol{\alpha}$

についてはディリクレ分布，混合成分パラメータ $\{\boldsymbol{\tau}_k\}_{k=1}^K$ については混合成分 $p(\boldsymbol{x}|\boldsymbol{\tau}_k)$ の共役事前分布になります．

3.7 混合ガウス分布モデル

混合成分として M 次元ガウス分布を用いる以下の混合分布モデルは，**混合ガウス分布 (mixture of Gaussians)** モデルと呼ばれます（図 **3.7**）．

$$p(\boldsymbol{z}|\boldsymbol{\alpha}) = \mathrm{Multi}_{K,1}(\boldsymbol{z};\boldsymbol{\alpha}) \tag{3.30}$$

$$p(\boldsymbol{x}|\boldsymbol{z},\{\boldsymbol{\mu}_k,\boldsymbol{\Sigma}_k\}_{k=1}^K) = \prod_{k=1}^K \{\mathrm{Norm}_M(\boldsymbol{x};\boldsymbol{\mu}_k,\boldsymbol{\Sigma}_k)\}^{z_k} \tag{3.31}$$

条件付き共役事前分布として，以下が用いられます．

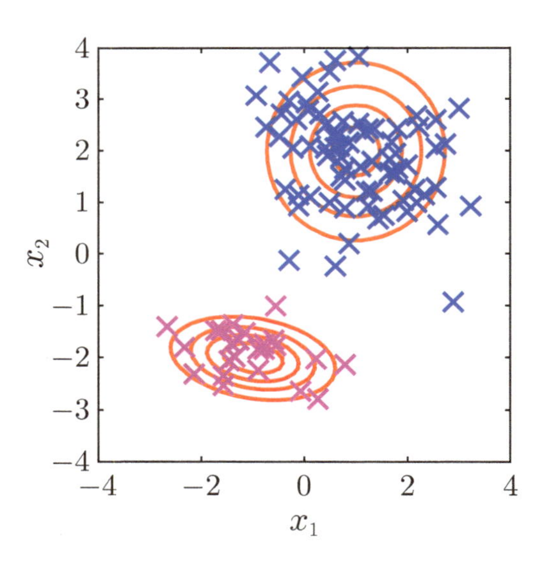

図 3.7 混合ガウス分布モデル $p(\boldsymbol{x}|\boldsymbol{\omega}) = \sum_{k=1}^2 \alpha_k \mathrm{Norm}_2(\boldsymbol{x};\boldsymbol{\mu}_k,\boldsymbol{\Sigma}_k)$ とそれに従う $N = 100$ 個のサンプル．ただし，$\boldsymbol{\alpha} = (0.7, 0.3)^\top, \boldsymbol{\mu}_1 = (1,2)^\top, \boldsymbol{\Sigma}_1 = \boldsymbol{I}_2, \boldsymbol{\mu}_2 = (-1,-2)^\top, \boldsymbol{\Sigma}_2 = \begin{pmatrix} 0.8 & -0.1 \\ -0.1 & 0.2 \end{pmatrix}$ を用いました．

$$p(\boldsymbol{\alpha}|\boldsymbol{\phi}) = \mathrm{Dir}_K(\boldsymbol{\alpha}; \boldsymbol{\phi}) \tag{3.32}$$

$$p(\boldsymbol{\mu}_k, \boldsymbol{\Sigma}_k^{-1}|\boldsymbol{\mu}_0, \lambda_0, \boldsymbol{V}_0, \nu_0) = \mathrm{NormW}_M(\boldsymbol{\mu}_k, \boldsymbol{\Sigma}_k^{-1}; \boldsymbol{\mu}_0, \lambda_0, \boldsymbol{V}_0, \nu_0) \tag{3.33}$$

ただし，混合成分パラメータ $\{\boldsymbol{\mu}_k, \boldsymbol{\Sigma}_k\}$ については，平均パラメータ $\boldsymbol{\mu}_k$ あるいは共分散パラメータ $\boldsymbol{\Sigma}_k$ のうち一方のみをベイズ学習することも多いです．その場合には，ガウス–ウィシャート事前分布 (3.33) の代わりにガウス事前分布 $\mathrm{Norm}_M(\boldsymbol{\mu}_k; \boldsymbol{\mu}_0, \boldsymbol{\Sigma}_0)$ あるいはウィシャート事前分布 $\mathrm{W}_M(\boldsymbol{\Sigma}_k^{-1}; \boldsymbol{V}_0, \nu_0)$ がそれぞれの場合に用いられます．

3.8 潜在的ディリクレ配分モデル

潜在的ディリクレ配分 (**latent Dirichlet allocation**) モデルは，文書データの次元削減法としてよく用いられます．

M 個の文書の集合があるとします．各文書 m は $N^{(m)}$ 個の単語 $\{\boldsymbol{w}^{(n,m)}\}_{n=1}^{N^{(m)}}$ からなり，L 種類の単語を 1-of-L 表現 $\boldsymbol{w}^{(n,m)} \in \{\boldsymbol{e}_l\}_{l=1}^{L}$ で表します．

潜在的ディリクレ配分モデルでは，各単語は潜在的なトピック $\boldsymbol{z}^{(n,m)} \in \{\boldsymbol{e}_h\}_{h=1}^{H}$ に属すると仮定します．各文書は異なるトピック分布 $\widetilde{\boldsymbol{\theta}}_m \in \Delta^{H-1}$ を持ち，また，各トピックは異なる単語分布 $\boldsymbol{\beta}_h \in \Delta^{L-1}$ を持つと考えます．すなわち，

$$p(\boldsymbol{z}^{(n,m)}|\widetilde{\boldsymbol{\theta}}_m) = \mathrm{Multi}_{H,1}(\boldsymbol{z}^{(n,m)}; \widetilde{\boldsymbol{\theta}}_m) \tag{3.34}$$

$$p(\boldsymbol{w}^{(n,m)}|\boldsymbol{z}^{(n,m)}, \boldsymbol{\beta}_1, \ldots, \boldsymbol{\beta}_H) = \prod_{h=1}^{H} \left\{\mathrm{Multi}_{L,1}(\boldsymbol{w}^{(n,m)}; \boldsymbol{\beta}_h)\right\}^{z_h^{(n,m)}} \tag{3.35}$$

となります．

式 (3.26) および式 (3.27) と，式 (3.34) および式 (3.35) とを比べると，潜在的ディリクレ配分モデルが多項分布

$$p(\boldsymbol{w}^{(n,m)}|\boldsymbol{\beta}_h) = \mathrm{Multi}_{L,1}(\boldsymbol{w}^{(n,m)}; \boldsymbol{\beta}_h)$$

を混合成分として持つ混合分布モデルであることがわかります．

事前分布としては，$\widetilde{\boldsymbol{\theta}}_m$ および $\boldsymbol{\beta}_h$ それぞれに対して条件付き共役である

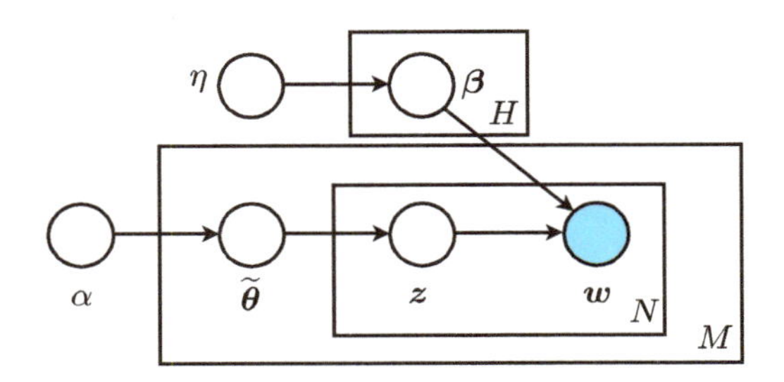

図 3.8 潜在的ディリクレ配分モデルのグラフィカルモデル．水色の円は観測される変数，白色の円は観測されない変数を示し，矢印は変数間の確率的依存関係を示します．H, N および M とラベル付けされた囲いは**プレート (plate)** と呼ばれ，その中のノード（あるいはプレート）がそれぞれ H, N および M 個存在することを意味します．

ディリクレ分布が使われます．

$$p(\widetilde{\boldsymbol{\theta}}_m|\boldsymbol{\alpha}) = \mathrm{Dir}_H(\widetilde{\boldsymbol{\theta}}_m; \boldsymbol{\alpha}) \tag{3.36}$$

$$p(\boldsymbol{\beta}_h|\boldsymbol{\eta}) = \mathrm{Dir}_L(\boldsymbol{\beta}_h; \boldsymbol{\eta}) \tag{3.37}$$

図 3.8 に，このモデルを**グラフィカルモデル (graphical model)** で表したものを示します．

文書ごとのトピック分布を $M \times H$ 行列の形にまとめて文書パラメータ $\boldsymbol{\Theta} = (\widetilde{\boldsymbol{\theta}}_1, \ldots, \widetilde{\boldsymbol{\theta}}_M)^\top$ と呼びます．また，トピックごとの単語分布を $L \times H$ 行列の形にまとめてトピックパラメータ $\boldsymbol{B} = (\boldsymbol{\beta}_1, \ldots, \boldsymbol{\beta}_H)$ と呼びます．

観測データ $\mathcal{D} = \{\{\boldsymbol{w}^{(n,m)}\}_{n=1}^{N^{(m)}}\}_{m=1}^{M}$ と潜在変数 $\mathcal{H} = \{\{\boldsymbol{z}^{(n,m)}\}_{n=1}^{N^{(m)}}\}_{m=1}^{M}$ との同時分布は

$$\begin{aligned} p(\mathcal{D}, \mathcal{H}|\boldsymbol{\Theta}, \boldsymbol{B}) &= \prod_{m=1}^{M} \prod_{n=1}^{N^{(m)}} p(\boldsymbol{w}^{(n,m)}|\boldsymbol{z}^{(n,m)}, \boldsymbol{\beta}_h) p(\boldsymbol{z}^{(n,m)}|\widetilde{\boldsymbol{\theta}}_m) \\ &= \prod_{m=1}^{M} \prod_{n=1}^{N^{(m)}} \prod_{h=1}^{H} \left(\Theta_{m,h} \prod_{l=1}^{L} B_{l,h}^{w_l^{(n,m)}} \right)^{z_h^{(n,m)}} \end{aligned} \tag{3.38}$$

となります．したがって，観測データ $\mathcal{D}$ に関する周辺確率は

$$p(\mathcal{D}|\boldsymbol{\Theta}, \boldsymbol{B}) = \sum_{\mathcal{H}} p(\mathcal{D}, \mathcal{H}|\boldsymbol{\Theta}, \boldsymbol{B})$$

$$
\begin{aligned}
&= \prod_{m=1}^{M} \prod_{n=1}^{N^{(m)}} \left(\sum_{\boldsymbol{z}^{(n,m)} \in \{\boldsymbol{e}_h\}_{h=1}^{H}} \prod_{h=1}^{H} \left(\Theta_{m,h} \prod_{l=1}^{L} B_{l,h}^{w_l^{(n,m)}} \right)^{z_h^{(n,m)}} \right) \\
&= \prod_{m=1}^{M} \prod_{n=1}^{N^{(m)}} \left(\sum_{h=1}^{H} \Theta_{m,h} \prod_{l=1}^{L} B_{l,h}^{w_l^{(n,m)}} \right) \\
&= \prod_{m=1}^{M} \prod_{l=1}^{L} \prod_{n=1}^{N^{(m)}} \left(\sum_{h=1}^{H} \Theta_{m,h} B_{l,h} \right)^{w_l^{(n,m)}} \\
&= \prod_{m=1}^{M} \prod_{l=1}^{L} \left((\boldsymbol{B}\boldsymbol{\Theta}^{\top})_{l,m} \right)^{\sum_{n=1}^{N^{(m)}} w_l^{(n,m)}}
\end{aligned} \tag{3.39}
$$

で与えられます．

単語の並べ替えの自由度を考慮すると，式 (3.39) は各列が文書ごとのヒストグラム $\boldsymbol{v}_m \in \mathbb{H}_{N^{(m)}}^{L-1}$ を表現する $L \times M$ 行列

$$
\boldsymbol{V} = (\boldsymbol{v}_1, \ldots, \boldsymbol{v}_M), \qquad V_{l,m} = \sum_{n=1}^{N^{(m)}} w_l^{(n,m)}
$$

上の確率分布として

$$
\begin{aligned}
p(\boldsymbol{V}|\boldsymbol{\Theta}, \boldsymbol{B}) &= \prod_{m=1}^{M} N^{(m)}! \prod_{l=1}^{L} \frac{\left((\boldsymbol{B}\boldsymbol{\Theta}^{\top})_{l,m} \right)^{V_{l,m}}}{V_{l,m}!} \\
&= \prod_{m=1}^{M} \mathrm{Multi}_{L,N^{(m)}}(\boldsymbol{v}_m; \boldsymbol{u}_m)
\end{aligned}
$$

と書けることがわかります．ここで，$\boldsymbol{u}_m$ は行列

$$
\boldsymbol{U} = (\boldsymbol{u}_1, \ldots, \boldsymbol{u}_M) = \boldsymbol{B}\boldsymbol{\Theta}^{\top} \tag{3.40}
$$

の第 m 列ベクトルです．

式 (3.40) は，トピック数 H をランクとする低ランク行列 $\boldsymbol{B}\boldsymbol{\Theta}^{\top}$ で多項分布パラメータ $\boldsymbol{U}$ を近似する行列分解モデルとして，潜在的ディリクレ配分モデルが解釈できることを示唆します．

Chapter 4

共役性

本章では，ベイズ学習の計算において非常に重要な役割を果たす共役性という概念について詳しく説明します．本章ではベイズ学習が解析的に実行できる場合のみを取り扱いますが，6章では共役性の概念を少し拡張した条件付き共役性に基づいて，変分ベイズ学習が導出されます．すなわち，共役性は変分ベイズ学習を理解するために必要不可欠な概念であるといえます．

4.1 代表的な確率分布

3章にて確率モデルをいくつか紹介しましたが，確率モデルを構成するモデル尤度 $p(\mathcal{D}|\boldsymbol{\omega})$ および事前分布 $p(\boldsymbol{\omega})$ は，**表4.1** に示すような代表的な確率分布 $p(\boldsymbol{x}|\boldsymbol{\omega})$ から構成されることがほとんどです．表には，確率変数 $\boldsymbol{x}$ の定義域 $\mathcal{X}$，パラメータ $\boldsymbol{\omega}$ の種類およびその定義域 $\mathcal{W}$ についてまとめました．青字の部分は確率変数 $\boldsymbol{x}$ に依存しない**規格化因子** (**normalization factor**) であり，$\int_{\mathcal{X}} p(\boldsymbol{x}|\boldsymbol{\omega})d\boldsymbol{x} = 1$（$\boldsymbol{x}$ が離散変数の場合は $\sum_{\boldsymbol{x}\in\mathcal{X}} p(\boldsymbol{x}|\boldsymbol{\omega}) = 1$）を満たすために必要な定数です．

表 4.1 に示す確率分布 $p(\boldsymbol{x}|\boldsymbol{\omega})$ をみたとき，これらの代表的な確率分布の数式が「複雑である」と感じる読者は少なくないかもしれません．しかしよくみると，複雑なのは規格化因子であって，本体（確率変数 $\boldsymbol{x}$ に依存する黒字の部分）は以外とシンプルであると感じるのではないでしょうか？　実はベイズ学習において，規格化因子の複雑さに悩まされることはありません．

表 4.1 確率分布の例．青字の部分が規格化因子を示します．$\mathbb{R}$：実数の集合，$\mathbb{R}_{++}$：正実数の集合，$\mathbb{S}_{++}^{M}$：$M \times M$ 正定値対称行列の集合，$\mathbb{H}_N^{K-1} = \{\boldsymbol{x} \in \{0,\ldots,N\}^K ; \sum_{k=1}^K x_k = N\}$ ：（N サンプル，K カテゴリー）ヒストグラムの集合，$\Delta^{K-1} = \{\boldsymbol{\theta} \in [0,1]^K ; \sum_{k=1}^K \theta_k = 1\}$ ：$K-1$ 次元標準シンプレックス，$|\cdot|$：行列式，$\mathcal{B}(\cdot,\cdot)$：ベータ関数，$\Gamma(\cdot)$：ガンマ関数，$\Gamma_M(\cdot)$：M 変数ガンマ関数を表します．

確率分布	$p(\boldsymbol{x}\|\boldsymbol{\omega})$	$\boldsymbol{x} \in \mathcal{X}$	$\boldsymbol{\omega} \in \mathcal{W}$
等方的ガウス分布	$\frac{\exp\left(-\frac{1}{2\sigma^2}\|\boldsymbol{x}-\boldsymbol{\mu}\|^2\right)}{(2\pi\sigma^2)^{M/2}}$	$\boldsymbol{x} \in \mathbb{R}^M$	$\boldsymbol{\mu} \in \mathbb{R}^M, \sigma^2 > 0$
ガウス分布	$\frac{\exp\left(-\frac{1}{2}(\boldsymbol{x}-\boldsymbol{\mu})^\top \boldsymbol{\Sigma}^{-1}(\boldsymbol{x}-\boldsymbol{\mu})\right)}{(2\pi)^{M/2}\|\boldsymbol{\Sigma}\|^{1/2}}$	$\boldsymbol{x} \in \mathbb{R}^M$	$\boldsymbol{\mu} \in \mathbb{R}^M, \boldsymbol{\Sigma} \in \mathbb{S}_{++}^M$
ガンマ分布	$\frac{\beta^\alpha}{\Gamma(\alpha)} x^{\alpha-1}\exp(-\beta x)$	$x > 0$	$\alpha > 0, \beta > 0$
ウィシャート分布	$\frac{\|\boldsymbol{X}\|^{\frac{\nu-M-1}{2}} \exp\left(-\frac{\mathrm{tr}(\boldsymbol{V}^{-1}\boldsymbol{X})}{2}\right)}{(2^\nu\|\boldsymbol{V}\|)^{M/2}\Gamma_M\left(\frac{\nu}{2}\right)}$	$\boldsymbol{X} \in \mathbb{S}_{++}^M$	$\boldsymbol{V} \in \mathbb{S}_{++}^M, \nu > M-1$
ベルヌーイ分布	$\theta^x(1-\theta)^{1-x}$	$x \in \{0,1\}$	$\theta \in [0,1]$
二項分布	$\binom{N}{x}\theta^x(1-\theta)^{N-x}$	$x \in \{0,\ldots,N\}$	$\theta \in [0,1]$
多項分布	$N!\prod_{k=1}^K (x_k!)^{-1}\theta_k^{x_k}$	$\boldsymbol{x} \in \mathbb{H}_N^{K-1}$	$\boldsymbol{\theta} \in \Delta^{K-1}$
ベータ分布	$\frac{1}{\mathcal{B}(a,b)} x^{a-1}(1-x)^{b-1}$	$x \in [0,1]$	$a > 0, b > 0$
ディリクレ分布	$\frac{\Gamma(\sum_{k=1}^K \phi_k)}{\prod_{k=1}^K \Gamma(\phi_k)} \prod_{k=1}^K x_k^{\phi_k - 1}$	$\boldsymbol{x} \in \Delta^{K-1}$	$\boldsymbol{\phi} \in \mathbb{R}_{++}^K$

むしろ，規格化因子はベイズ学習に必要となる積分計算を手助けしてくれます．なぜなら，定義より**本体（確率変数に依存する黒字の部分）の積分値は，規格化因子（青字部分）の逆数**だからです．実はベイズ学習において必要となる積分計算のほとんどは規格化因子を通して行うことができ，実際に煩わしい解析的な積分計算が必要となることはほとんどありません．

なお，表 4.1 の確率分布は 2 重線の仕切りによって 4 つのカテゴリーに分類されています．各カテゴリーの一番下にある分布は，特別な場合としてその上にある分布を含みます．

4.2 共役性の定義

共役性 (**conjugacy**) は，確率モデル $\{p(\mathcal{D}|\boldsymbol{\omega}), p(\boldsymbol{\omega})\}$ を構成するモデル尤度 $p(\mathcal{D}|\boldsymbol{\omega})$ と事前分布 $p(\boldsymbol{\omega})$ との関係について定義されます．

定義 4.1 （共役事前分布）

事前分布 $p(\boldsymbol{\omega})$ と事後分布 $p(\boldsymbol{\omega}|\mathcal{D})$ とが同じ関数形になるような事前分布を，モデル尤度 $p(\mathcal{D}|\boldsymbol{\omega})$ に対する**共役事前分布 (conjugate prior)** と呼ぶ．

ただし，共役性が実際に役に立つためには他の条件も必要です（**メモ 4.1** 参照）．

事後分布 (2.2) の関数形について考えてみましょう．

$$p(\boldsymbol{\omega}|\mathcal{D}) = \frac{p(\mathcal{D}|\boldsymbol{\omega})p(\boldsymbol{\omega})}{p(\mathcal{D})} \propto p(\mathcal{D}|\boldsymbol{\omega})p(\boldsymbol{\omega}) \tag{4.1}$$

ここで重要なことは，共役性について考えるとき，常に**パラメータ $\boldsymbol{\omega}$ に関する関数形**に注目するということです．特に，$p(\mathcal{D}|\boldsymbol{\omega})$ を**観測データ $\mathcal{D}$ の関数（すなわちモデル分布）としてではなく，パラメータ $\boldsymbol{\omega}$ の関数（すなわちモデル尤度）としてみること**が重要です．

このことを意識しながら，具体的な確率モデルのモデル尤度の関数形について考え，事後分布を導出しましょう．すでに 3 章で用いましたが，以下にガウス分布，ガンマ分布，ウィシャート分布，多項分布，およびディリクレ

> **任意の分布関数**を含む関数クラスを事前分布とすると，これはすべてのモデル尤度に対する共役事前分布になりますが，そのような事前分布はベイズ学習計算の役に立ちません．共役性を議論する際には，事前分布と事後分布とが同じ分布関数のクラスに入っているだけでなく，その分布関数のクラスに対して期待値計算（少なくとも規格化因子と平均値（1 次モーメント））の計算が容易に実行できることが暗に仮定されます．

メモ 4.1 共役性に関する暗黙の仮定

分布に対する略記をまとめておきます．

$$\mathrm{Norm}_M(\boldsymbol{x};\boldsymbol{\mu},\boldsymbol{\Sigma}) \equiv \frac{\exp\left(-\frac{1}{2}(\boldsymbol{x}-\boldsymbol{\mu})^\top \boldsymbol{\Sigma}^{-1}(\boldsymbol{x}-\boldsymbol{\mu})\right)}{(2\pi)^{M/2}|\boldsymbol{\Sigma}|^{1/2}} \tag{4.2}$$

$$\mathrm{Ga}(x;\alpha,\beta) \equiv \frac{\beta^\alpha}{\Gamma(\alpha)} x^{\alpha-1}\exp(-\beta x) \tag{4.3}$$

$$\mathrm{W}_M(\boldsymbol{X};\boldsymbol{V},\nu) \equiv \frac{|\boldsymbol{X}|^{\frac{\nu-M-1}{2}}\exp\left(-\frac{\mathrm{tr}(\boldsymbol{V}^{-1}\boldsymbol{X})}{2}\right)}{(2^\nu|\boldsymbol{V}|)^{M/2}\Gamma_M\left(\frac{\nu}{2}\right)} \tag{4.4}$$

$$\mathrm{Multi}_{K,N}(\boldsymbol{x};\boldsymbol{\theta}) \equiv N!\prod_{k=1}^{K}\frac{\theta_k^{x_k}}{x_k!} \tag{4.5}$$

$$\mathrm{Dir}_K(\boldsymbol{x};\boldsymbol{\phi}) \equiv \frac{\Gamma(\sum_{k=1}^K \phi_k)}{\prod_{k=1}^K \Gamma(\phi_k)}\prod_{k=1}^{K} x_k^{\phi_k-1} \tag{4.6}$$

4.3 等方的ガウス分布モデルの場合

まずはじめに，最も簡単な例として**等方的ガウス分布モデル**を考えます．

$$p(\boldsymbol{x}|\boldsymbol{\omega}) = \mathrm{Norm}_M(\boldsymbol{x};\boldsymbol{\mu},\sigma^2\boldsymbol{I}_M) = \frac{\exp\left(-\frac{1}{2\sigma^2}\|\boldsymbol{x}-\boldsymbol{\mu}\|^2\right)}{(2\pi\sigma^2)^{M/2}} \tag{4.7}$$

N 個の i.i.d. 観測データ $\mathcal{D}=\{\boldsymbol{x}^{(1)},\ldots,\boldsymbol{x}^{(N)}\}$ に対するモデル尤度は

$$p(\mathcal{D}|\boldsymbol{\omega}) = \prod_{n=1}^{N} p(\boldsymbol{x}^{(n)}|\boldsymbol{\omega}) = \frac{\exp\left(-\frac{1}{2\sigma^2}\sum_{n=1}^N\|\boldsymbol{x}^{(n)}-\boldsymbol{\mu}\|^2\right)}{(2\pi\sigma^2)^{MN/2}} \tag{4.8}$$

で与えられます（3.1 節参照）.

等方的ガウス型尤度関数

共役性を考える際には，観測データ $\mathcal{D}$ を確率変数とする確率分布 (4.8) をパラメータ $\boldsymbol{\omega}$ の関数としてみるのでした．ただし，3.1 節の後半で述べた理由により，確率モデルが持つすべてのパラメータを常にベイズ学習するわけではありません．等方的ガウス分布のパラメータ $(\boldsymbol{\mu}, \sigma^2)$ のうち，ここではまず平均値パラメータ $\boldsymbol{\mu}$ のみをベイズ学習する（すなわち $\boldsymbol{\omega} = \boldsymbol{\mu}$ とする）場合を考えます.

モデル尤度 (4.8) を $\boldsymbol{\mu}$ の関数とみなして比例定数を省略します.

$$p(\mathcal{D}|\boldsymbol{\mu}) \propto \exp\left(-\frac{1}{2\sigma^2}\sum_{n=1}^{N}\|\boldsymbol{x}^{(n)} - \boldsymbol{\mu}\|^2\right)$$

指数関数の中の和のうち，$\boldsymbol{\mu}$ に依存する部分だけを取り出して整理します.

$$\begin{aligned}
p(\mathcal{D}|\boldsymbol{\mu}) &\propto \exp\left(-\frac{1}{2\sigma^2}\sum_{n=1}^{N}\|(\boldsymbol{x}^{(n)} - \overline{\boldsymbol{x}}) + (\overline{\boldsymbol{x}} - \boldsymbol{\mu})\|^2\right) \\
&= \exp\left(-\frac{1}{2\sigma^2}\left(\sum_{n=1}^{N}\|\boldsymbol{x}^{(n)} - \overline{\boldsymbol{x}}\|^2 + N\|\overline{\boldsymbol{x}} - \boldsymbol{\mu}\|^2\right)\right) \\
&\propto \exp\left(-\frac{N}{2\sigma^2}\|\boldsymbol{\mu} - \overline{\boldsymbol{x}}\|^2\right) \\
&\propto \mathrm{Norm}_M\left(\boldsymbol{\mu}; \overline{\boldsymbol{x}}, \frac{\sigma^2}{N}\boldsymbol{I}_M\right)
\end{aligned} \tag{4.9}$$

ここで，$\overline{\boldsymbol{x}} = \frac{1}{N}\sum_{n=1}^{N}\boldsymbol{x}^{(n)}$ はサンプルの平均値です．上の計算において，3 番めの式で $\exp\left(-\frac{1}{2\sigma^2}\sum_{n=1}^{N}\|\boldsymbol{x}^{(n)} - \overline{\boldsymbol{x}}\|^2\right)$ を比例定数として省略したことに注意してください.

最後の式 (4.9) は，モデル尤度 $p(\mathcal{D}|\boldsymbol{\mu})$ が（$\boldsymbol{\mu}$ の関数として）平均 $\overline{\boldsymbol{x}}$，分散 σ^2/N の等方的ガウス分布と同じ形をしていることを示しています*1．なお，式 (4.9) からただちに，平均値パラメータの最尤推定量が

*1 表 4.1 において，規格化因子（青字）を無視した本体（黒字）の確率変数 $\boldsymbol{x}$ に平均パラメータ $\boldsymbol{\mu}$ をあてはめてみてください.

$$\widehat{\boldsymbol{\mu}}^{\mathrm{ML}} = \overline{\boldsymbol{x}}$$

で与えられることがわかります．

以上により，等方的ガウス分布モデルの平均値パラメータに関するモデル尤度は，等方的ガウス型であることがわかりました．この結果は，

- 1個のサンプル $\boldsymbol{x}$ に対する等方的ガウス分布が，平均パラメータ $\boldsymbol{\mu}$ に関しても等方的ガウス型である．すなわち，$\mathrm{Norm}_M(\boldsymbol{x}; \boldsymbol{\mu}, \sigma^2 \boldsymbol{I}_M) \propto \mathrm{Norm}_M(\boldsymbol{\mu}; \boldsymbol{x}, \sigma^2 \boldsymbol{I}_M)$*2 となる．
- 等方的ガウス型関数が積に関して閉じている．すなわち，平均値の異なる等方的ガウス型関数同士の積が等方的ガウス型関数であり，$p(\mathcal{D}|\boldsymbol{\mu}) \propto \prod_{n=1}^{N} \mathrm{Norm}_M(\boldsymbol{\mu}; \boldsymbol{x}^{(n)}, \sigma^2 \boldsymbol{I}_M) \propto \mathrm{Norm}_M\left(\boldsymbol{\mu}; \overline{\boldsymbol{x}}, \frac{\sigma^2}{N} \boldsymbol{I}_M\right)$ が成り立つ．

ことに由来しています．

等方的ガウス型関数が積に関して閉じていることを考えれば，等方的ガウス分布が共役事前分布であることはすでにあきらかです（**メモ 4.2** 参照）．$\boldsymbol{\kappa} = (\boldsymbol{\mu}_0, \sigma_0^2)$ を超パラメータとして持つ等方的ガウス事前分布

$$p(\boldsymbol{\mu}|\boldsymbol{\mu}_0, \sigma_0^2) = \mathrm{Norm}_M(\boldsymbol{\mu}; \boldsymbol{\mu}_0, \sigma_0^2 \boldsymbol{I}_M) \propto \exp\left(-\frac{1}{2\sigma_0^2}\|\boldsymbol{\mu} - \boldsymbol{\mu}_0\|^2\right)$$

を用いると，事後分布の関数形は

$$\begin{aligned}
p(\boldsymbol{\mu}|\mathcal{D}, \boldsymbol{\mu}_0, \sigma_0^2) &\propto p(\mathcal{D}|\boldsymbol{\mu}) p(\boldsymbol{\mu}|\boldsymbol{\mu}_0, \sigma_0^2) \\
&\propto \mathrm{Norm}_M\left(\boldsymbol{\mu}; \overline{\boldsymbol{x}}, \frac{\sigma^2}{N}\right) \mathrm{Norm}_M(\boldsymbol{\mu}; \boldsymbol{\mu}_0, \sigma_0^2) \\
&\propto \exp\left(-\frac{N}{2\sigma^2}\|\boldsymbol{\mu} - \overline{\boldsymbol{x}}\|^2 - \frac{1}{2\sigma_0^2}\|\boldsymbol{\mu} - \boldsymbol{\mu}_0\|^2\right) \\
&\propto \exp\left(-\frac{N\sigma^{-2} + \sigma_0^{-2}}{2}\left\|\boldsymbol{\mu} - \frac{N\sigma^{-2}\overline{\boldsymbol{x}} + \sigma_0^{-2}\boldsymbol{\mu}_0}{N\sigma^{-2} + \sigma_0^{-2}}\right\|^2\right) \\
&\propto \mathrm{Norm}_M\left(\boldsymbol{\mu}; \frac{N\sigma^{-2}\overline{\boldsymbol{x}} + \sigma_0^{-2}\boldsymbol{\mu}_0}{N\sigma^{-2} + \sigma_0^{-2}}, \frac{1}{N\sigma^{-2} + \sigma_0^{-2}}\right)
\end{aligned}$$

*2 確率変数と平均パラメータとが右辺と左辺とで入れ替わっていることと，等式ではないことに注意してください．この場合はたまたま等式が成立しますが，本質的ではありません．

モデル尤度の関数形が積に関して閉じていることは，ベイズ学習を容易に実行するために本質的です．このような性質を持つ分布族は**指数分布族 (exponential family)** と呼ばれます．指数分布族とは，確率変数とパラメータをうまく変換（$\boldsymbol{t} = \boldsymbol{t}(\boldsymbol{x})$, $\boldsymbol{\eta} = \boldsymbol{\eta}(\boldsymbol{\omega})$）することによって，確率分布が

$$p(\boldsymbol{x}|\boldsymbol{\omega}) = p(\boldsymbol{t}|\boldsymbol{\eta}) = \exp\left(\boldsymbol{\eta}^\top \boldsymbol{t} - A(\boldsymbol{\eta}) + B(\boldsymbol{t})\right) \tag{4.10}$$

の形に書ける確率分布の集合を指します．パラメータと確率変数との相互作用が必ず $\exp\left(\boldsymbol{\eta}^\top \boldsymbol{t}\right)$ の形をしていることがポイントです．$A(\cdot)$ および $B(\cdot)$ は任意の関数ですが，$A(\cdot)$ は $\boldsymbol{t}$ に，$B(\cdot)$ は $\boldsymbol{\eta}$ に依存してはいけません．事前分布として $p(\boldsymbol{\eta}) = \exp\left(\boldsymbol{\eta}^\top \boldsymbol{t}^{(0)} - A_0(\boldsymbol{\eta}) + B_0(\boldsymbol{t}^{(0)})\right)$ を用い，N 個の観測値 $\mathcal{D} = (\boldsymbol{t}^{(1)}, \ldots, \boldsymbol{t}^{(N)}) = (\boldsymbol{t}(\boldsymbol{x}^{(1)}), \ldots, \boldsymbol{t}(\boldsymbol{x}^{(N)}))$ が得られたとすると，事後分布は同じ $\boldsymbol{\eta}$ を用いて指数分布族の形 $p(\boldsymbol{\eta}|\mathcal{D}) = \exp\left(\boldsymbol{\eta}^\top \sum_{n=0}^{N} \boldsymbol{t}^{(n)} - A'(\boldsymbol{\eta}) + B'(\mathcal{D})\right)$ に書けることがわかります．したがって指数分布族の共役事前分布は，同じ $\boldsymbol{\eta}$ を持つ指数分布族です．$\boldsymbol{\eta}$ および $\boldsymbol{t}$ はそれぞれ，**自然パラメータ (natural parameter)** および**十分統計量 (sufficient statistics)** と呼ばれます．

表 4.1 に挙げた分布はすべて指数分布族に含まれます．例えば 1 次元ガウス分布の場合，自然パラメータと十分統計量は $\boldsymbol{\eta} = (\frac{\mu}{\sigma^2}, -\frac{1}{2\sigma^2})^\top$ および $\boldsymbol{t} = (x, x^2)^\top$ で与えられます．指数分布族ではない代表的な分布として，混合分布 (3.24) が挙げられます．

メモ 4.2 指数分布族

となります．したがって，事後分布は

$$p(\boldsymbol{\mu}|\mathcal{D}, \boldsymbol{\mu}_0, \sigma_0^2) = \mathrm{Norm}_M\left(\boldsymbol{\mu}; \frac{N\sigma^{-2}\overline{\boldsymbol{x}} + \sigma_0^{-2}\boldsymbol{\mu}_0}{N\sigma^{-2} + \sigma_0^{-2}}, \frac{1}{N\sigma^{-2} + \sigma_0^{-2}}\right) \tag{4.11}$$

で与えられます．

最後の式 (4.11) は，比例定数を含めて等式として成立することに注意してください．計算の途中でいくつかの比例定数を省略してきましたが，事後分布の確率変数（ここでは平均パラメータ $\boldsymbol{\mu}$）に関する関数形が決まった時点で規格化因子は確定しており，その関数形が表 4.1 に与えられるようなよく知られるものであれば，規格化因子は自動的に与えられるというわけです．

ガンマ型尤度関数

次に，分散パラメータ σ^2 のみをベイズ学習する場合を考えます．すなわち，平均値パラメータ $\boldsymbol{\mu}$ を定数とみなして $\omega = \sigma^2$ とします．

モデル尤度 (4.8) を σ^2 の関数とみなして比例定数を省略すると,

$$p(\mathcal{D}|\sigma^2) \propto (\sigma^2)^{-MN/2} \exp\left(-\frac{1}{2\sigma^2}\sum_{n=1}^{N}\|\boldsymbol{x}^{(n)}-\boldsymbol{\mu}\|^2\right)$$

と書けます. 分散パラメータ σ^2 の関数として, モデル尤度をこれ以上簡単に表現することはできませんが, これと同じ関数形を表 4.1 の中からみつけることができるでしょうか？ 実は分散パラメータに関する尤度関数の形を考える際には, 分散の逆数の関数としてみるほうが都合がよいです. すなわち,

$$p(\mathcal{D}|\sigma^{-2}) \propto (\sigma^{-2})^{MN/2} \exp\left(-\left(\frac{1}{2}\sum_{n=1}^{N}\|\boldsymbol{x}^{(n)}-\boldsymbol{\mu}\|^2\right)\sigma^{-2}\right) \tag{4.12}$$

$$\propto \mathrm{Ga}\left(\sigma^{-2}; \frac{MN}{2}+1, \frac{1}{2}\sum_{n=1}^{N}\|\boldsymbol{x}^{(n)}-\boldsymbol{\mu}\|^2\right) \tag{4.13}$$

となります.

表 4.1 のガンマ分布と式 (4.12) を見比べてください. 規格化因子（青字）を無視して本体（黒字）のみに注目するのがコツです.

なお, ガンマ分布のピークは $\mathrm{argmax}_x \mathrm{Ga}(x;\alpha,\beta) = \frac{\alpha-1}{\beta}$ にありますので, 式 (4.13) から分散パラメータの最尤推定量が

$$\widehat{\sigma}^{2\ \mathrm{ML}} = \frac{1}{\widehat{\sigma}^{-2\ \mathrm{ML}}} = \frac{\frac{1}{2}\sum_{n=1}^{N}\|\boldsymbol{x}^{(n)}-\boldsymbol{\mu}\|^2}{\frac{MN}{2}+1-1} = \frac{1}{MN}\sum_{n=1}^{N}\|\boldsymbol{x}^{(n)}-\boldsymbol{\mu}\|^2$$

で与えられることがわかります.

等方的ガウス分布モデルの分散パラメータに関するモデル尤度はガンマ型であることがわかりました. ガンマ型関数も積に関して閉じていますので, ガンマ分布が共役事前分布になります. $\boldsymbol{\kappa} = (\alpha_0, \beta_0)$ を超パラメータとして持つガンマ事前分布

$$p(\sigma^{-2}|\alpha_0,\beta_0) = \mathrm{Ga}(\sigma^{-2};\alpha_0,\beta_0) \propto (\sigma^{-2})^{\alpha_0-1}\exp(-\beta_0\sigma^{-2})$$

を用いると, 事後分布の関数形は

$$p(\sigma^{-2}|\mathcal{D},\alpha_0,\beta_0) \propto p(\mathcal{D}|\sigma^{-2})p(\sigma^{-2}|\alpha_0,\beta_0)$$

$$\propto \mathrm{Ga}\left(\sigma^{-2}; \frac{MN}{2}+1, \frac{1}{2}\sum_{n=1}^{N}\|\boldsymbol{x}^{(n)}-\boldsymbol{\mu}\|^2\right)\mathrm{Ga}(\sigma^{-2};\alpha_0,\beta_0)$$
$$\propto (\sigma^{-2})^{MN/2+\alpha_0-1}\exp\left(-\left(\frac{1}{2}\sum_{n=1}^{N}\|\boldsymbol{x}^{(n)}-\boldsymbol{\mu}\|^2+\beta_0\right)\sigma^{-2}\right)$$

となります．したがって，事後分布は

$$p(\sigma^{-2}|\mathcal{D},\alpha_0,\beta_0)=\mathrm{Ga}\left(\sigma^{-2}; \frac{MN}{2}+\alpha_0, \frac{1}{2}\sum_{n=1}^{N}\|\boldsymbol{x}^{(n)}-\boldsymbol{\mu}\|^2+\beta_0\right) \tag{4.14}$$

で与えられます．

等方的ガウス－ガンマ型尤度関数

最後に，平均と分散の両方をパラメータ $\boldsymbol{\omega}=(\boldsymbol{\mu},\sigma^{-2})$ とみなしてベイズ学習する場合を考えます．

$$p(\mathcal{D}|\boldsymbol{\mu},\sigma^{-2})\propto(\sigma^{-2})^{MN/2}\exp\left(-\left(\frac{1}{2}\sum_{n=1}^{N}\|\boldsymbol{x}^{(n)}-\boldsymbol{\mu}\|^2\right)\sigma^{-2}\right)$$

式 (4.9) を導出した際と同様に，$\boldsymbol{\mu}$ に関して平方完成することにより *3，

$$p(\mathcal{D}|\boldsymbol{\mu},\sigma^{-2})\propto(\sigma^{-2})^{MN/2}\exp\left(-\left(\frac{1}{2}\sum_{n=1}^{N}\|\boldsymbol{x}^{(n)}-\boldsymbol{\mu}\|^2\right)\sigma^{-2}\right)$$
$$=(\sigma^{-2})^{MN/2}\exp\left(-\left(\frac{N\|\boldsymbol{\mu}-\overline{\boldsymbol{x}}\|^2}{2}+\frac{\sum_{n=1}^{N}\|\boldsymbol{x}^{(n)}-\overline{\boldsymbol{x}}\|^2}{2}\right)\sigma^{-2}\right)$$
$$\propto \mathrm{NormGa}_M\left(\boldsymbol{\mu},\sigma^{-2};\overline{\boldsymbol{x}},N\boldsymbol{I}_M,\frac{M(N-1)}{2}+1,\frac{\sum_{n=1}^{N}\|\boldsymbol{x}^{(n)}-\overline{\boldsymbol{x}}\|^2}{2}\right)$$

が得られます．ここで

$$\mathrm{NormGa}_M(\boldsymbol{x},\tau|\boldsymbol{\mu},\lambda\boldsymbol{I}_M,\alpha,\beta)$$
$$\equiv \mathrm{Norm}_M(\boldsymbol{x};\boldsymbol{\mu},(\tau\lambda)^{-1}\boldsymbol{I}_M)\mathrm{Ga}(\tau;\alpha,\beta)$$

*3 ただし，式 (4.9) において比例定数として省略した因子は，σ^{-2} に依存するため省略できません．

$$
\begin{aligned}
&= \frac{\exp\left(-\frac{\tau\lambda}{2}\|\boldsymbol{x}-\boldsymbol{\mu}\|^2\right)}{(2\pi(\tau\lambda)^{-1})^{M/2}} \cdot \frac{\beta^\alpha}{\Gamma(\alpha)}\tau^{\alpha-1}\exp(-\beta\tau) \\
&= \frac{\beta^\alpha}{(2\pi/\lambda)^{M/2}\Gamma(\alpha)} \cdot \tau^{\alpha+\frac{M}{2}-1}\exp\left(-\left(\frac{\lambda\|\boldsymbol{x}-\boldsymbol{\mu}\|^2}{2}+\beta\right)\tau\right)
\end{aligned}
$$

は $\boldsymbol{\mu} \in \mathbb{R}^M, \lambda > 0, \alpha > 0, \beta > 0$ をパラメータとして持つ，確率変数 $\boldsymbol{x} \in \mathbb{R}^M, \tau > 0$ 上の等方的ガウス–ガンマ分布です．等方的ガウス–ガンマ分布は等方的ガウス分布とガンマ分布との積ですが，等方的ガウス分布の分散パラメータがガンマ分布の確率変数に依存する**階層モデル (hierarchical model)** $p(\boldsymbol{x}|\tau)p(\tau)$ であるため，$\boldsymbol{x}$ と τ とは独立ではありません．

等方的ガウス–ガンマ型関数も積について閉じていますので，等方的ガウス–ガンマ分布が共役事前分布となります．$\boldsymbol{\kappa} = (\boldsymbol{\mu}_0, \lambda_0, \alpha_0, \beta_0)$ を超パラメータとして持つ等方的ガウス–ガンマ事前分布

$$
\begin{aligned}
p(\boldsymbol{\mu}, \sigma^{-2}|\boldsymbol{\mu}_0, \lambda_0, \alpha_0, \beta_0) &= \mathrm{NormGa}_M(\boldsymbol{\mu}, \sigma^{-2}|\boldsymbol{\mu}_0, \lambda_0\boldsymbol{I}_M, \alpha_0, \beta) \\
&\propto (\sigma^{-2})^{\alpha_0+\frac{M}{2}-1}\exp\left(-\left(\frac{\lambda_0\|\boldsymbol{\mu}-\boldsymbol{\mu}_0\|^2}{2}+\beta_0\right)\sigma^{-2}\right)
\end{aligned}
$$

を用いると，事後分布は

$$
\begin{aligned}
&p(\boldsymbol{\mu}, \sigma^{-2}|\mathcal{D}, \boldsymbol{\kappa}) \propto p(\mathcal{D}|\boldsymbol{\mu}, \sigma^{-2})p(\boldsymbol{\mu}, \sigma^{-2}|\boldsymbol{\kappa}) \\
&\quad \propto \mathrm{NormGa}_M\left(\boldsymbol{\mu}, \sigma^{-2}\,\middle|\, \overline{\boldsymbol{x}}, N\boldsymbol{I}_M, \frac{M(N-1)}{2}+1, \frac{\sum_{n=1}^N\|\boldsymbol{x}^{(n)}-\overline{\boldsymbol{x}}\|^2}{2}\right) \\
&\qquad\qquad \cdot \mathrm{NormGa}_M(\boldsymbol{\mu}, \sigma^{-2}|\boldsymbol{\mu}_0, \lambda_0\boldsymbol{I}_M, \alpha_0, \beta) \\
&\quad \propto (\sigma^{-2})^{MN/2}\exp\left(-\left(\frac{N\|\boldsymbol{\mu}-\overline{\boldsymbol{x}}\|^2}{2}+\frac{\sum_{n=1}^N\|\boldsymbol{x}^{(n)}-\overline{\boldsymbol{x}}\|^2}{2}\right)\sigma^{-2}\right) \\
&\qquad\qquad \cdot (\sigma^{-2})^{\alpha_0+\frac{M}{2}-1}\exp\left(-\left(\frac{\lambda_0\|\boldsymbol{\mu}-\boldsymbol{\mu}_0\|^2}{2}+\beta_0\right)\sigma^{-2}\right) \\
&\quad \propto (\sigma^{-2})^{M(N+1)/2+\alpha_0-1} \\
&\qquad\quad \cdot \exp\left(-\left(\frac{N\|\boldsymbol{\mu}-\overline{\boldsymbol{x}}\|^2+\lambda_0\|\boldsymbol{\mu}-\boldsymbol{\mu}_0\|^2}{2}+\frac{\sum_{n=1}^N\|\boldsymbol{x}^{(n)}-\overline{\boldsymbol{x}}\|^2}{2}+\beta_0\right)\sigma^{-2}\right) \\
&\quad \propto (\sigma^{-2})^{\widehat{\alpha}+\frac{M}{2}-1}\exp\left(-\left(\frac{\widehat{\lambda}\|\boldsymbol{\mu}-\widehat{\boldsymbol{\mu}}\|^2}{2}+\widehat{\beta}\right)\sigma^{-2}\right)
\end{aligned}
$$

となります．ただし，

$$\widehat{\boldsymbol{\mu}} = \frac{N\overline{\boldsymbol{x}} + \lambda_0 \boldsymbol{\mu}_0}{N + \lambda_0},$$
$$\widehat{\lambda} = N + \lambda_0,$$
$$\widehat{\alpha} = \frac{MN}{2} + \alpha_0,$$
$$\widehat{\beta} = \frac{\sum_{n=1}^{N} \|\boldsymbol{x}^{(n)} - \overline{\boldsymbol{x}}\|^2}{2} + \frac{N\lambda_0 \|\overline{\boldsymbol{x}} - \boldsymbol{\mu}_0\|^2}{2(N + \lambda_0)} + \beta_0$$

です．したがって，事後分布は以下の等方的ガウス–ガンマ分布に従います．

$$p(\boldsymbol{\mu}, \sigma^{-2} | \mathcal{D}, \boldsymbol{\kappa}) = \mathrm{NormGa}_M(\boldsymbol{\mu}, \sigma^{-2} | \widehat{\boldsymbol{\mu}}, \widehat{\lambda}\boldsymbol{I}_M, \widehat{\alpha}, \widehat{\beta}) \tag{4.15}$$

等方的ガウス–ガンマ分布の形は少し複雑ですが，各種モーメントを計算することができます．したがって，等方的ガウス分布のパラメータ $\boldsymbol{\omega} = (\boldsymbol{\mu}, \sigma^{-2})$ をすべて推定する場合も，共役事前分布を用いる限りベイズ学習を解析的に実行することができます．

4.4 ガウス分布モデルの場合

一般のガウス分布モデルの場合も，等方的ガウス分布モデルの場合とほぼ同様にベイズ学習を解析的に実行できます．共分散パラメータ $\boldsymbol{\Sigma}$ をベイズ学習する際には，ガンマ分布の多次元拡張であるウィシャート分布が現れます．

未知のモデルパラメータ $\boldsymbol{\omega} = (\boldsymbol{\mu}, \boldsymbol{\Sigma})$ によって記述される M 次元ガウス分布を考えます．

$$p(\boldsymbol{x}|\boldsymbol{\omega}) = \mathrm{Norm}_M(\boldsymbol{x}; \boldsymbol{\mu}, \boldsymbol{\Sigma}) \equiv \frac{\exp\left(-\frac{1}{2}(\boldsymbol{x} - \boldsymbol{\mu})^\top \boldsymbol{\Sigma}^{-1}(\boldsymbol{x} - \boldsymbol{\mu})\right)}{(2\pi)^{M/2}|\boldsymbol{\Sigma}|^{1/2}} \tag{4.16}$$

N 個の i.i.d. 観測データ $\mathcal{D} = \{\boldsymbol{x}^{(1)}, \ldots, \boldsymbol{x}^{(N)}\}$ に対するモデル尤度は

$$p(\mathcal{D}|\boldsymbol{\omega}) = \prod_{n=1}^{N} p(\boldsymbol{x}^{(n)}|\boldsymbol{\omega}) = \frac{\exp\left(-\frac{1}{2}\sum_{n=1}^{N}(\boldsymbol{x}^{(n)} - \boldsymbol{\mu})^\top \boldsymbol{\Sigma}^{-1}(\boldsymbol{x}^{(n)} - \boldsymbol{\mu})\right)}{(2\pi)^{NM/2}|\boldsymbol{\Sigma}|^{N/2}} \tag{4.17}$$

で与えられます.

ガウス型尤度関数

まずはじめに，平均値パラメータ $\boldsymbol{\mu}$ のみに注目して共分散パラメータ $\boldsymbol{\Sigma}$ を定数とみなします．このときモデル尤度 (4.17) は

$$
\begin{aligned}
p(\mathcal{D}|\boldsymbol{\mu}) &\propto \exp\left(-\frac{1}{2}\sum_{n=1}^{N}(\boldsymbol{x}^{(n)}-\boldsymbol{\mu})^\top \boldsymbol{\Sigma}^{-1}(\boldsymbol{x}^{(n)}-\boldsymbol{\mu})\right) \\
&= \exp\Bigg(-\frac{1}{2}\sum_{n=1}^{N}\Big((\boldsymbol{x}^{(n)}-\overline{\boldsymbol{x}})+(\overline{\boldsymbol{x}}-\boldsymbol{\mu})\Big)^\top \\
&\qquad\qquad \cdot \boldsymbol{\Sigma}^{-1}\Big((\boldsymbol{x}^{(n)}-\overline{\boldsymbol{x}})+(\overline{\boldsymbol{x}}-\boldsymbol{\mu})\Big)\Bigg) \\
&= \exp\Bigg(-\frac{1}{2\sigma^2}\Big(\sum_{n=1}^{N}(\boldsymbol{x}^{(n)}-\overline{\boldsymbol{x}})^\top \boldsymbol{\Sigma}^{-1}(\boldsymbol{x}^{(n)}-\overline{\boldsymbol{x}}) \\
&\qquad\qquad + N(\overline{\boldsymbol{x}}-\boldsymbol{\mu})^\top \boldsymbol{\Sigma}^{-1}(\overline{\boldsymbol{x}}-\boldsymbol{\mu})\Big)\Bigg) \\
&\propto \exp\left(-\frac{N}{2}(\boldsymbol{\mu}-\overline{\boldsymbol{x}})^\top \boldsymbol{\Sigma}^{-1}(\boldsymbol{\mu}-\overline{\boldsymbol{x}})\right) \\
&\propto \mathrm{Norm}_M\left(\boldsymbol{\mu};\overline{\boldsymbol{x}},\frac{1}{N}\boldsymbol{\Sigma}\right)
\end{aligned}
\tag{4.18}
$$

と書けるので，$\boldsymbol{\kappa}=(\boldsymbol{\mu}_0,\boldsymbol{\Sigma}_0)$ を超パラメータとして持つガウス事前分布

$$
p(\boldsymbol{\mu}|\boldsymbol{\mu}_0,\boldsymbol{\Sigma}_0)=\mathrm{Norm}_M(\boldsymbol{\mu};\boldsymbol{\mu}_0,\boldsymbol{\Sigma}_0)\propto \exp\left(-\frac{1}{2}(\boldsymbol{\mu}-\boldsymbol{\mu}_0)^\top \boldsymbol{\Sigma}_0^{-1}(\boldsymbol{\mu}-\boldsymbol{\mu}_0)\right)
$$

を用いると，事後分布の関数形は

$$
\begin{aligned}
p(\boldsymbol{\mu}|\mathcal{D},\boldsymbol{\mu}_0,\boldsymbol{\Sigma}_0) &\propto p(\mathcal{D}|\boldsymbol{\mu})p(\boldsymbol{\mu}|\boldsymbol{\mu}_0,\boldsymbol{\Sigma}_0) \\
&\propto \mathrm{Norm}_M\left(\boldsymbol{\mu};\overline{\boldsymbol{x}},\frac{1}{N}\boldsymbol{\Sigma}\right)\mathrm{Norm}_M(\boldsymbol{\mu};\boldsymbol{\mu}_0,\boldsymbol{\Sigma}_0) \\
&\propto \exp\left(-\frac{N(\boldsymbol{\mu}-\overline{\boldsymbol{x}})^\top \boldsymbol{\Sigma}^{-1}(\boldsymbol{\mu}-\overline{\boldsymbol{x}})+(\boldsymbol{\mu}-\boldsymbol{\mu}_0)^\top \boldsymbol{\Sigma}_0^{-1}(\boldsymbol{\mu}-\boldsymbol{\mu}_0)}{2}\right)
\end{aligned}
$$

$$\propto \exp\left(-\frac{(\boldsymbol{\mu}-\widehat{\boldsymbol{\mu}})^\top \widehat{\boldsymbol{\Sigma}}^{-1}(\boldsymbol{\mu}-\widehat{\boldsymbol{\mu}})}{2}\right)$$

となります．ただし，

$$\widehat{\boldsymbol{\mu}} = \left(N\boldsymbol{\Sigma}^{-1}+\boldsymbol{\Sigma}_0^{-1}\right)^{-1}\left(N\boldsymbol{\Sigma}^{-1}\overline{\boldsymbol{x}}+\boldsymbol{\Sigma}_0^{-1}\boldsymbol{\mu}_0\right),$$
$$\widehat{\boldsymbol{\Sigma}} = \left(N\boldsymbol{\Sigma}^{-1}+\boldsymbol{\Sigma}_0^{-1}\right)^{-1}$$

です．したがって，事後分布は

$$p(\boldsymbol{\mu}|\mathcal{D},\boldsymbol{\mu}_0,\boldsymbol{\Sigma}_0) = \mathrm{Norm}_M\left(\boldsymbol{\mu};\widehat{\boldsymbol{\mu}},\widehat{\boldsymbol{\Sigma}}\right) \tag{4.19}$$

で与えられます．

ウィシャート型尤度関数

次に，共分散パラメータ $\boldsymbol{\Sigma}$ のみをベイズ学習する場合を考えます．平均値パラメータ $\boldsymbol{\mu}$ を定数とみなすと，モデル尤度 (4.17) は

$$p(\mathcal{D}|\boldsymbol{\Sigma}^{-1}) \propto |\boldsymbol{\Sigma}^{-1}|^{N/2}\exp\left(-\frac{\sum_{n=1}^N(\boldsymbol{x}^{(n)}-\boldsymbol{\mu})^\top\boldsymbol{\Sigma}^{-1}(\boldsymbol{x}^{(n)}-\boldsymbol{\mu})}{2}\right)$$
$$\propto |\boldsymbol{\Sigma}^{-1}|^{N/2}\exp\left(-\frac{\mathrm{tr}\left(\sum_{n=1}^N(\boldsymbol{x}^{(n)}-\boldsymbol{\mu})(\boldsymbol{x}^{(n)}-\boldsymbol{\mu})^\top\boldsymbol{\Sigma}^{-1}\right)}{2}\right)$$
$$\propto \mathrm{W}_M\left(\boldsymbol{\Sigma}^{-1};\left(\sum_{n=1}^N(\boldsymbol{x}^{(n)}-\boldsymbol{\mu})(\boldsymbol{x}^{(n)}-\boldsymbol{\mu})^\top\right)^{-1},M+N+1\right)$$

と書けます．ただし，等方的ガウス分布の場合と同様に，モデル尤度を共分散行列の逆行列 $\boldsymbol{\Sigma}^{-1}$ の関数として取り扱っています．$\boldsymbol{\kappa}=(\boldsymbol{V}_0,\nu_0)$ を超パラメータとして持つウィシャート事前分布

$$p(\boldsymbol{\Sigma}^{-1}|\boldsymbol{V}_0,\nu_0) = \mathrm{W}_M(\boldsymbol{\Sigma}^{-1};\boldsymbol{V}_0,\nu_0)$$
$$= \frac{|\boldsymbol{\Sigma}^{-1}|^{\frac{\nu_0-M-1}{2}}\exp\left(-\frac{\mathrm{tr}(\boldsymbol{V}_0^{-1}\boldsymbol{\Sigma}^{-1})}{2}\right)}{(2^{\nu_0}|\boldsymbol{V}_0|)^{M/2}\mathit{\Gamma}_M\left(\frac{\nu_0}{2}\right)}$$

を用いると，事後分布の関数形は

$$
\begin{aligned}
p(\boldsymbol{\Sigma}^{-1}|\mathcal{D},\boldsymbol{V}_0,\nu_0) &\propto p(\mathcal{D}|\boldsymbol{\Sigma}^{-1})p(\boldsymbol{\Sigma}^{-1}|\boldsymbol{V}_0,\nu_0)\\
&\propto \mathrm{W}_M\left(\boldsymbol{\Sigma}^{-1};\left(\sum_{n=1}^{N}(\boldsymbol{x}^{(n)}-\boldsymbol{\mu})(\boldsymbol{x}^{(n)}-\boldsymbol{\mu})^\top\right)^{-1}, M+N+1\right)\\
&\qquad\cdot \mathrm{W}_M(\boldsymbol{\Sigma}^{-1};\boldsymbol{V}_0,\nu_0)\\
&\propto |\boldsymbol{\Sigma}^{-1}|^{\frac{N}{2}}\exp\left(-\frac{\mathrm{tr}\left(\left(\sum_{n=1}^{N}(\boldsymbol{x}^{(n)}-\boldsymbol{\mu})(\boldsymbol{x}^{(n)}-\boldsymbol{\mu})^\top\right)\boldsymbol{\Sigma}^{-1}\right)}{2}\right)\\
&\qquad\cdot|\boldsymbol{\Sigma}^{-1}|^{\frac{\nu_0-M-1}{2}}\exp\left(-\frac{\mathrm{tr}\left(\boldsymbol{V}_0^{-1}\boldsymbol{\Sigma}^{-1}\right)}{2}\right)\\
&\propto |\boldsymbol{\Sigma}^{-1}|^{\frac{\nu_0-M+N-1}{2}}\exp\left(-\frac{\mathrm{tr}\left(\left(\sum_{n=1}^{N}(\boldsymbol{x}^{(n)}-\boldsymbol{\mu})(\boldsymbol{x}^{(n)}-\boldsymbol{\mu})^\top+\boldsymbol{V}_0^{-1}\right)\boldsymbol{\Sigma}^{-1}\right)}{2}\right)
\end{aligned}
$$

となります．したがって，事後分布は

$$
\begin{aligned}
&p(\boldsymbol{\Sigma}^{-1}|\mathcal{D},\boldsymbol{V}_0,\nu_0)\\
&= \mathrm{W}_M\left(\boldsymbol{\Sigma}^{-1};\left(\sum_{n=1}^{N}(\boldsymbol{x}^{(n)}-\boldsymbol{\mu})(\boldsymbol{x}^{(n)}-\boldsymbol{\mu})^\top+\boldsymbol{V}_0^{-1}\right)^{-1}, N+\nu_0\right)
\end{aligned}
\tag{4.20}
$$

で与えられます．

なお，ウィシャート分布はガンマ分布の多次元拡張であり，$M=1$ のとき両者は一致します．

$$
\mathrm{W}_1\left(x;V,\nu\right)=\mathrm{Ga}\left(x;\nu/2,1/(2V)\right) \tag{4.21}
$$

ガウス–ウィシャート型尤度関数

最後に，平均パラメータと共分散パラメータの両方をベイズ学習する場合 $\boldsymbol{\omega}=(\boldsymbol{\mu},\boldsymbol{\Sigma}^{-1})$ を考えます．モデル尤度 (4.17) は

$$
\begin{aligned}
p(\mathcal{D}|\boldsymbol{\mu},\boldsymbol{\Sigma}^{-1}) &\propto |\boldsymbol{\Sigma}^{-1}|^{N/2}\exp\left(-\frac{\sum_{n=1}^{N}(\boldsymbol{x}^{(n)}-\boldsymbol{\mu})^\top\boldsymbol{\Sigma}^{-1}(\boldsymbol{x}^{(n)}-\boldsymbol{\mu})}{2}\right)\\
&\propto |\boldsymbol{\Sigma}^{-1}|^{N/2}\exp\left(-\frac{\mathrm{tr}\left(\sum_{n=1}^{N}(\boldsymbol{x}^{(n)}-\boldsymbol{\mu})(\boldsymbol{x}^{(n)}-\boldsymbol{\mu})^\top\boldsymbol{\Sigma}^{-1}\right)}{2}\right)
\end{aligned}
$$

$$\propto |\boldsymbol{\Sigma}^{-1}|^{N/2} \exp\left(-\frac{\mathrm{tr}\left(\sum_{n=1}^{N}\left((\boldsymbol{x}^{(n)}-\overline{\boldsymbol{x}})+(\overline{\boldsymbol{x}}-\boldsymbol{\mu})\right)\left((\boldsymbol{x}^{(n)}-\overline{\boldsymbol{x}})+(\overline{\boldsymbol{x}}-\boldsymbol{\mu})\right)^{\top}\boldsymbol{\Sigma}^{-1}\right)}{2}\right)$$

$$\propto |\boldsymbol{\Sigma}^{-1}|^{N/2} \exp\left(-\frac{\mathrm{tr}\left(N(\boldsymbol{\mu}-\overline{\boldsymbol{x}})(\boldsymbol{\mu}-\overline{\boldsymbol{x}})^{\top}+\sum_{n=1}^{N}(\boldsymbol{x}^{(n)}-\overline{\boldsymbol{x}})(\boldsymbol{x}^{(n)}-\overline{\boldsymbol{x}})^{\top}\right)\boldsymbol{\Sigma}^{-1}\right)}{2}\right)$$

$$\propto \mathrm{NormW}_M\Big(\boldsymbol{\mu}, \boldsymbol{\Sigma}^{-1}; \overline{\boldsymbol{x}}, N, \left(\sum_{n=1}^{N}(\boldsymbol{x}^{(n)}-\overline{\boldsymbol{x}})(\boldsymbol{x}^{(n)}-\overline{\boldsymbol{x}})^{\top}\right)^{-1}, M+N\Big)$$

と書けます．ここで，

$$\begin{aligned}
&\mathrm{NormW}_M(\boldsymbol{x}, \boldsymbol{\Lambda}; \boldsymbol{\mu}, \lambda, \boldsymbol{V}, \nu) \\
&\quad \equiv \mathrm{Norm}_M(\boldsymbol{x}; \boldsymbol{\mu}, (\lambda\boldsymbol{\Lambda})^{-1})\mathrm{W}_M(\boldsymbol{\Lambda}; \boldsymbol{V}, \nu) \\
&\quad = \frac{\exp\left(-\frac{\lambda}{2}(\boldsymbol{x}-\boldsymbol{\mu})^{\top}\boldsymbol{\Lambda}(\boldsymbol{x}-\boldsymbol{\mu})\right)}{(2\pi)^{M/2}|\lambda\boldsymbol{\Lambda}|^{-1/2}} \cdot \frac{|\boldsymbol{\Lambda}|^{\frac{\nu-M-1}{2}}\exp\left(-\frac{\mathrm{tr}(\boldsymbol{V}^{-1}\boldsymbol{\Lambda})}{2}\right)}{(2^{\nu}|\boldsymbol{V}|)^{M/2}\Gamma_M\left(\frac{\nu}{2}\right)} \\
&\quad = \frac{\lambda^{M/2}}{(2^{\nu+1}\pi|\boldsymbol{V}|)^{M/2}\Gamma_M\left(\frac{\nu}{2}\right)}|\boldsymbol{\Lambda}|^{\frac{\nu-M}{2}}\exp\left(-\frac{\mathrm{tr}\left((\lambda(\boldsymbol{x}-\boldsymbol{\mu})(\boldsymbol{x}-\boldsymbol{\mu})^{\top}+\boldsymbol{V}^{-1})\boldsymbol{\Lambda}\right)}{2}\right)
\end{aligned}$$

は $\boldsymbol{\mu} \in \mathbb{R}^M, \lambda > 0, \boldsymbol{V} \in \mathbb{S}_{++}^M, \nu > M-1$ をパラメータとして持つ，確率変数 $\boldsymbol{x} \in \mathbb{R}^M, \boldsymbol{\Lambda} \in \mathbb{S}_{++}^M$ 上のガウス–ウィシャート分布です．

ガウス–ウィシャート型関数も積について閉じていますので，ガウス–ウィシャート分布が共役事前分布となります．$\boldsymbol{\kappa} = (\boldsymbol{\mu}_0, \lambda_0, \boldsymbol{V}_0, \nu_0)$ を超パラメータとして持つガウス–ウィシャート事前分布

$$\begin{aligned}
p(\boldsymbol{\mu}, \boldsymbol{\Sigma}^{-1}|\boldsymbol{\mu}_0, \lambda_0, \boldsymbol{V}_0, \nu_0) &= \mathrm{NormW}_M(\boldsymbol{\mu}, \boldsymbol{\Sigma}^{-1}; \boldsymbol{\mu}_0, \lambda_0, \boldsymbol{V}_0, \nu_0) \\
&\propto |\boldsymbol{\Sigma}^{-1}|^{\frac{\nu_0-M}{2}}\exp\left(-\frac{\mathrm{tr}\left((\lambda_0(\boldsymbol{\mu}-\boldsymbol{\mu}_0)(\boldsymbol{\mu}-\boldsymbol{\mu}_0)^{\top}+\boldsymbol{V}_0^{-1})\boldsymbol{\Sigma}^{-1}\right)}{2}\right)
\end{aligned}$$

を用いると，事後分布の形は

$$\begin{aligned}
&p(\boldsymbol{\mu}, \boldsymbol{\Sigma}^{-1}|\mathcal{D}, \boldsymbol{\kappa}) \propto p(\mathcal{D}|\boldsymbol{\mu}, \boldsymbol{\Sigma}^{-1})p(\boldsymbol{\mu}, \boldsymbol{\Sigma}^{-1}|\boldsymbol{\kappa}) \\
&\quad \propto \mathrm{NormW}_M\Big(\boldsymbol{\mu}, \boldsymbol{\Sigma}^{-1}; \overline{\boldsymbol{x}}, N, \left(\sum_{n=1}^{N}(\boldsymbol{x}^{(n)}-\overline{\boldsymbol{x}})(\boldsymbol{x}^{(n)}-\overline{\boldsymbol{x}})^{\top}\right)^{-1}, M+N\Big) \\
&\qquad \cdot \mathrm{NormW}_M(\boldsymbol{\mu}, \boldsymbol{\Sigma}^{-1}; \boldsymbol{\mu}_0, \lambda_0, \boldsymbol{V}_0, \nu_0)
\end{aligned}$$

$$\propto |\boldsymbol{\Sigma}^{-1}|^{N/2} \exp\left(-\frac{\mathrm{tr}\left(N(\boldsymbol{\mu}-\overline{\boldsymbol{x}})(\boldsymbol{\mu}-\overline{\boldsymbol{x}})^\top+\sum_{n=1}^N(\boldsymbol{x}^{(n)}-\overline{\boldsymbol{x}})(\boldsymbol{x}^{(n)}-\overline{\boldsymbol{x}})^\top)\boldsymbol{\Sigma}^{-1}\right)}{2}\right)$$

$$\cdot |\boldsymbol{\Sigma}^{-1}|^{\frac{\nu_0-M}{2}} \exp\left(-\frac{\mathrm{tr}\left((\lambda_0(\boldsymbol{\mu}-\boldsymbol{\mu}_0)(\boldsymbol{\mu}-\boldsymbol{\mu}_0)^\top+\boldsymbol{V}_0^{-1})\boldsymbol{\Sigma}^{-1}\right)}{2}\right)$$

$$\propto |\boldsymbol{\Sigma}^{-1}|^{\frac{\widehat{\nu}-M}{2}} \exp\left(-\mathrm{tr}\left(\frac{\left(\widehat{\lambda}\,(\boldsymbol{\mu}-\widehat{\boldsymbol{\mu}})\,(\boldsymbol{\mu}-\widehat{\boldsymbol{\mu}})^\top\,\widehat{\boldsymbol{V}}^{-1}\right)\boldsymbol{\Sigma}^{-1}}{2}\right)\right)$$

となります．ただし，

$$\begin{aligned}
\widehat{\boldsymbol{\mu}} &= \frac{N\overline{\boldsymbol{x}}+\lambda_0\boldsymbol{\mu}_0}{N+\lambda_0}, \\
\widehat{\lambda} &= N+\lambda_0, \\
\widehat{\boldsymbol{V}} &= \Big(\textstyle\sum_{n=1}^N(\boldsymbol{x}^{(n)}-\overline{\boldsymbol{x}})(\boldsymbol{x}^{(n)}-\overline{\boldsymbol{x}})^\top \\
&\qquad + \frac{N\lambda_0}{N+\lambda_0}(\overline{\boldsymbol{x}}-\boldsymbol{\mu}_0)(\overline{\boldsymbol{x}}-\boldsymbol{\mu}_0)^\top+\boldsymbol{V}_0^{-1}\Big)^{-1}, \\
\widehat{\nu} &= N+\nu_0
\end{aligned}$$

です．したがって，事後分布はガウス-ウィシャート分布

$$p(\boldsymbol{\mu},\boldsymbol{\Sigma}^{-1}|\mathcal{D},\boldsymbol{\kappa}) = \mathrm{NormW}_M\left(\boldsymbol{\mu},\boldsymbol{\Sigma}^{-1};\widehat{\boldsymbol{\mu}},\widehat{\lambda},\widehat{\boldsymbol{V}},\widehat{\nu}\right) \tag{4.22}$$

です．

4.5 線形回帰モデルの場合

$\boldsymbol{\omega}=(\boldsymbol{a},\sigma^2)$ をパラメータとする線形回帰モデルについて考えます．

$$p(y|\boldsymbol{x},\boldsymbol{\omega}) = \mathrm{Norm}_1(y;\boldsymbol{a}^\top\boldsymbol{x},\sigma^2) = \frac{\exp\left(-\frac{(y-\boldsymbol{a}^\top\boldsymbol{x})^2}{2\sigma^2}\right)}{\sqrt{2\pi\sigma^2}}$$

N 個の i.i.d. 観測データ

$$\mathcal{D}=\boldsymbol{y}=(y^{(1)},\ldots,y^{(N)})^\top\in\mathbb{R}^N, \quad \boldsymbol{X}=(\boldsymbol{x}^{(1)},\ldots,\boldsymbol{x}^{(N)})^\top\in\mathbb{R}^{N\times M}$$

に対するモデル尤度は

$$p(\mathcal{D}|\boldsymbol{\omega}) = \frac{\exp\left(-\frac{\|\boldsymbol{y}-\boldsymbol{X}\boldsymbol{a}\|^2}{2\sigma^2}\right)}{(2\pi\sigma^2)^{N/2}} \tag{4.23}$$

で与えられます．

ガウス型尤度関数

まず，回帰パラメータ $\boldsymbol{a}$ のみをベイズ学習する場合を考えます．モデル尤度 (4.23) の指数部分を展開し，回帰パラメータ $\boldsymbol{a}$ の関数として平方完成すると，

$$\begin{aligned} p(\mathcal{D}|\boldsymbol{a}) &\propto \exp\left(-\frac{\|\boldsymbol{y}-\boldsymbol{X}\boldsymbol{a}\|^2}{2\sigma^2}\right) \\ &\propto \exp\left(-\frac{\left(\boldsymbol{a}-(\boldsymbol{X}^\top\boldsymbol{X})^{-1}\boldsymbol{X}^\top\boldsymbol{y}\right)^\top \boldsymbol{X}^\top\boldsymbol{X}\left(\boldsymbol{a}-(\boldsymbol{X}^\top\boldsymbol{X})^{-1}\boldsymbol{X}^\top\boldsymbol{y}\right)}{2\sigma^2}\right) \\ &\propto \mathrm{Norm}_M\left(\boldsymbol{a}; (\boldsymbol{X}^\top\boldsymbol{X})^{-1}\boldsymbol{X}^\top\boldsymbol{y}, \sigma^2(\boldsymbol{X}^\top\boldsymbol{X})^{-1}\right) \end{aligned} \tag{4.24}$$

が得られます．式 (4.24) により，$\boldsymbol{X}^\top\boldsymbol{X}$ の逆行列が存在するとき $\boldsymbol{a}$ の最尤推定量が

$$\widehat{\boldsymbol{a}}^{\mathrm{ML}} = (\boldsymbol{X}^\top\boldsymbol{X})^{-1}\boldsymbol{X}^\top\boldsymbol{y} \tag{4.25}$$

で与えられることがわかります．

$\boldsymbol{\kappa} = (\boldsymbol{a}_0, \boldsymbol{\Sigma}_0)$ を超パラメータとして持つガウス事前分布

$$p(\boldsymbol{a}|\boldsymbol{a}_0, \boldsymbol{\Sigma}_0) = \mathrm{Norm}_M(\boldsymbol{a}; \boldsymbol{a}_0, \boldsymbol{\Sigma}_0) \propto \exp\left(-\frac{1}{2}(\boldsymbol{a}-\boldsymbol{a}_0)^\top \boldsymbol{\Sigma}_0^{-1}(\boldsymbol{a}-\boldsymbol{a}_0)\right)$$

を用いると，事後分布の関数形は

$$\begin{aligned} &p(\boldsymbol{a}|\mathcal{D}, \boldsymbol{a}_0, \boldsymbol{\Sigma}_0) \propto p(\mathcal{D}|\boldsymbol{a})p(\boldsymbol{a}|\boldsymbol{a}_0, \boldsymbol{\Sigma}_0) \\ &\quad \propto \mathrm{Norm}_M\left(\boldsymbol{a}; \boldsymbol{a}_0, \tfrac{1}{N}\sigma^2(\boldsymbol{X}^\top\boldsymbol{X})^{-1}\right)\mathrm{Norm}_M(\boldsymbol{a}; \boldsymbol{a}_0, \boldsymbol{\Sigma}_0) \\ &\quad \propto \exp\left(-\frac{\frac{\left(\boldsymbol{a}-(\boldsymbol{X}^\top\boldsymbol{X})^{-1}\boldsymbol{X}^\top\boldsymbol{y}\right)^\top \boldsymbol{X}^\top\boldsymbol{X}\left(\boldsymbol{a}-(\boldsymbol{X}^\top\boldsymbol{X})^{-1}\boldsymbol{X}^\top\boldsymbol{y}\right)}{\sigma^2} + (\boldsymbol{a}-\boldsymbol{a}_0)^\top\boldsymbol{\Sigma}_0^{-1}(\boldsymbol{a}-\boldsymbol{a}_0)}{2}\right) \\ &\quad \propto \exp\left(-\frac{(\boldsymbol{a}-\widehat{\boldsymbol{a}})^\top \widehat{\boldsymbol{\Sigma}}_{\boldsymbol{a}}^{-1}(\boldsymbol{a}-\widehat{\boldsymbol{a}})}{2}\right) \end{aligned}$$

と書けます．ただし，

$$\widehat{\boldsymbol{a}} = \left(\frac{\boldsymbol{X}^\top \boldsymbol{X}}{\sigma^2} + \boldsymbol{\Sigma}_0^{-1}\right)^{-1} \left(\frac{\boldsymbol{X}^\top \boldsymbol{y}}{\sigma^2} + \boldsymbol{\Sigma}_0^{-1}\boldsymbol{a}_0\right),$$

$$\widehat{\boldsymbol{\Sigma}}_{\boldsymbol{a}} = \left(\frac{\boldsymbol{X}^\top \boldsymbol{X}}{\sigma^2} + \boldsymbol{\Sigma}_0^{-1}\right)^{-1}$$

です．したがって，事後分布は

$$p(\boldsymbol{a}|\mathcal{D}, \boldsymbol{a}_0, \boldsymbol{\Sigma}_0) = \mathrm{Norm}_M\left(\boldsymbol{a}; \widehat{\boldsymbol{a}}, \widehat{\boldsymbol{\Sigma}}_{\boldsymbol{a}}\right) \tag{4.26}$$

で与えられます．

ガンマ型尤度関数

次に，分散パラメータ σ^2 のみをベイズ学習する場合を考えます．モデル尤度 (4.23) を分散パラメータの逆数 σ^{-2} の関数としてみると，ガンマ型であることがわかります．

$$\begin{aligned} p(\mathcal{D}|\sigma^{-2}) &\propto (\sigma^{-2})^{NM/2} \exp\left(-\frac{1}{2}\|\boldsymbol{y} - \boldsymbol{X}\boldsymbol{a}\|^2 \sigma^{-2}\right) \\ &\propto \mathrm{Ga}\left(\sigma^{-2}; \frac{NM}{2} + 1, \frac{1}{2}\|\boldsymbol{y} - \boldsymbol{X}\boldsymbol{a}\|^2\right) \end{aligned} \tag{4.27}$$

式 (4.27) から，最尤推定量が

$$\widehat{\sigma}^{2\ \mathrm{ML}} = \frac{1}{\widehat{\sigma}^{-2\ \mathrm{ML}}} = \frac{1}{MN}\sum_{n=1}^{N} \|\boldsymbol{y} - \boldsymbol{X}\boldsymbol{a}\|^2$$

で与えられることがわかります．

$\boldsymbol{\kappa} = (\alpha_0, \beta_0)$ を超パラメータとして持つガンマ事前分布

$$p(\sigma^{-2}|\alpha_0, \beta_0) = \mathrm{Ga}(\sigma^{-2}; \alpha_0, \beta_0) \propto (\sigma^{-2})^{\alpha_0 - 1} \exp(-\beta_0 \sigma^{-2})$$

を用いると，事後分布の関数形は

$$\begin{aligned} p(\sigma^{-2}|\mathcal{D}, \alpha_0, \beta_0) &\propto p(\mathcal{D}|\sigma^{-2}) p(\sigma^{-2}|\alpha_0, \beta_0) \\ &\propto \mathrm{Ga}\left(\sigma^{-2}; \frac{NM}{2} + 1, \frac{1}{2}\|\boldsymbol{y} - \boldsymbol{X}\boldsymbol{a}\|^2\right) \mathrm{Ga}(\sigma^{-2}; \alpha_0, \beta_0) \end{aligned}$$

$$\propto (\sigma^{-2})^{NM/2+\alpha_0-1} \exp\left(-\left(\frac{1}{2}\|\boldsymbol{y}-\boldsymbol{X}\boldsymbol{a}\|^2+\beta_0\right)\sigma^{-2}\right)$$

と書けます．したがって事後分布は

$$p(\sigma^{-2}|\mathcal{D},\alpha_0,\beta_0) = \mathrm{Ga}\left(\sigma^{-2};\frac{NM}{2}+\alpha_0,\frac{1}{2}\|\boldsymbol{y}-\boldsymbol{X}\boldsymbol{a}\|^2+\beta_0\right) \quad (4.28)$$

で与えられます．

ガウス-ガンマ型尤度関数

最後に，回帰パラメータ $\boldsymbol{a}$ と分散パラメータ σ^2 の両方をベイズ学習する場合を考えます．モデル尤度 (4.23) を $\boldsymbol{\omega}=(\boldsymbol{a},\sigma^{-2})$ の関数としてみると，

$$\begin{aligned}
p(\mathcal{D}|\boldsymbol{a},\sigma^{-2}) &\propto (\sigma^{-2})^{NM/2}\exp\left(-\tfrac{\|\boldsymbol{y}-\boldsymbol{X}\boldsymbol{a}\|^2}{2}\sigma^{-2}\right)\\
&\propto (\sigma^{-2})^{NM/2}\exp\left(-\tfrac{\left(\boldsymbol{a}-\widehat{\boldsymbol{a}}^{\mathrm{ML}}\right)^\top\boldsymbol{X}^\top\boldsymbol{X}\left(\boldsymbol{a}-\widehat{\boldsymbol{a}}^{\mathrm{ML}}\right)+\|\boldsymbol{y}-\boldsymbol{X}\widehat{\boldsymbol{a}}^{\mathrm{ML}}\|^2}{2}\sigma^{-2}\right)\\
&\propto \mathrm{NormGa}_M\left(\boldsymbol{a},\sigma^{-2};\widehat{\boldsymbol{a}}^{\mathrm{ML}},\boldsymbol{X}^\top\boldsymbol{X},\tfrac{M(N-1)}{2}+1,\tfrac{\|\boldsymbol{y}-\boldsymbol{X}\widehat{\boldsymbol{a}}^{\mathrm{ML}}\|^2}{2}\right)
\end{aligned}$$

が得られます．ここで，$\widehat{\boldsymbol{a}}^{\mathrm{ML}}$ は式 (4.25) によって与えられる $\boldsymbol{a}$ の最尤推定量であり，

$$\begin{aligned}
&\mathrm{NormGa}_M(\boldsymbol{x},\tau;\boldsymbol{\mu},\boldsymbol{\Lambda},\alpha,\beta)\\
&\quad\equiv \mathrm{Norm}_M(\boldsymbol{x};\boldsymbol{\mu},(\tau\boldsymbol{\Lambda})^{-1})\mathrm{Ga}(\tau;\alpha,\beta)\\
&\quad= \frac{\exp\left(-\frac{\tau}{2}(\boldsymbol{x}-\boldsymbol{\mu})^\top\boldsymbol{\Lambda}(\boldsymbol{x}-\boldsymbol{\mu})\right)}{(2\pi\tau^{-1})^{M/2}|\boldsymbol{\Lambda}|^{-1/2}}\cdot\frac{\beta^\alpha}{\Gamma(\alpha)}\tau^{\alpha-1}\exp(-\beta\tau)\\
&\quad= \frac{\beta^\alpha}{(2\pi)^{M/2}|\boldsymbol{\Lambda}|^{-1/2}\Gamma(\alpha)}\tau^{\alpha+\frac{M}{2}-1}\exp\left(-\left(\frac{(\boldsymbol{x}-\boldsymbol{\mu})^\top\boldsymbol{\Lambda}(\boldsymbol{x}-\boldsymbol{\mu})}{2}+\beta\right)\tau\right)
\end{aligned}$$

は $\boldsymbol{\mu}\in\mathbb{R}^M,\boldsymbol{\Lambda}\in\mathbb{S}^M_{++},\alpha>0,\beta>0$ をパラメータとして持つ，確率変数 $\boldsymbol{x}\in\mathbb{R}^M,\tau>0$ 上のガウス-ガンマ分布です．

$\boldsymbol{\kappa}=(\boldsymbol{\mu}_0,\boldsymbol{\Lambda}_0,\alpha_0,\beta_0)$ を超パラメータとして持つガウス-ガンマ事前分布

$$\begin{aligned}
p(\boldsymbol{a},\sigma^{-2};\boldsymbol{\kappa}) &= \mathrm{NormGa}_M(\boldsymbol{a},\sigma^{-2}|\boldsymbol{\mu}_0,\boldsymbol{\Lambda}_0,\alpha_0,\beta_0)\\
&\propto (\sigma^{-2})^{\alpha_0+\frac{M}{2}-1}\exp\left(-\left(\frac{(\boldsymbol{a}-\boldsymbol{\mu}_0)^\top\boldsymbol{\Lambda}_0(\boldsymbol{a}-\boldsymbol{\mu}_0)}{2}+\beta_0\right)\sigma^{-2}\right)
\end{aligned}$$

を用いると，事後分布は

$$
\begin{aligned}
p(\boldsymbol{a}, \sigma^{-2}|\mathcal{D}, \boldsymbol{\kappa}) &\propto p(\mathcal{D}|\boldsymbol{a}, \sigma^{-2}) p(\boldsymbol{a}, \sigma^{-2}|\boldsymbol{\kappa}) \\
&\propto \mathrm{NormGa}_M \left(\boldsymbol{a}, \sigma^{-2}; \widehat{\boldsymbol{a}}^{\mathrm{ML}}, \boldsymbol{X}^\top \boldsymbol{X}, \tfrac{M(N-1)}{2} + 1, \tfrac{\|\boldsymbol{y} - \boldsymbol{X}\widehat{\boldsymbol{a}}^{\mathrm{ML}}\|^2}{2} \right) \\
&\qquad \cdot \mathrm{NormGa}_M(\boldsymbol{a}, \sigma^{-2}; \boldsymbol{\mu}_0, \boldsymbol{\Lambda}_0, \alpha_0, \beta_0) \\
&\propto (\sigma^{-2})^{NM/2} \exp\left(-\tfrac{(\boldsymbol{a} - \widehat{\boldsymbol{a}}^{\mathrm{ML}})^\top \boldsymbol{X}^\top \boldsymbol{X} (\boldsymbol{a} - \widehat{\boldsymbol{a}}^{\mathrm{ML}}) + \|\boldsymbol{y} - \boldsymbol{X}\widehat{\boldsymbol{a}}^{\mathrm{ML}}\|^2}{2} \sigma^{-2} \right) \\
&\qquad \cdot (\sigma^{-2})^{\alpha_0 + \frac{M}{2} - 1} \exp\left(-\left(\tfrac{(\boldsymbol{a} - \boldsymbol{\mu}_0)^\top \boldsymbol{\Lambda}_0 (\boldsymbol{a} - \boldsymbol{\mu}_0)}{2} + \beta_0 \right) \sigma^{-2} \right) \\
&\propto (\sigma^{-2})^{\widehat{\alpha} + \frac{M}{2} - 1} \exp\left(-\left(\frac{(\boldsymbol{a} - \widehat{\boldsymbol{\mu}})^\top \widehat{\boldsymbol{\Lambda}} (\boldsymbol{a} - \widehat{\boldsymbol{\mu}})}{2} + \widehat{\beta} \right) \sigma^{-2} \right)
\end{aligned}
$$

となります．ただし，

$$
\begin{aligned}
\widehat{\boldsymbol{\mu}} &= (\boldsymbol{X}^\top \boldsymbol{X} + \boldsymbol{\Lambda}_0)^{-1} \left(\boldsymbol{X}^\top \boldsymbol{X} \widehat{\boldsymbol{a}}^{\mathrm{ML}} + \boldsymbol{\Lambda}_0 \boldsymbol{\mu}_0 \right), \\
\widehat{\boldsymbol{\Lambda}} &= \boldsymbol{X}^\top \boldsymbol{X} + \boldsymbol{\Lambda}_0, \\
\widehat{\alpha} &= \tfrac{NM}{2} + \alpha_0, \\
\widehat{\beta} &= \tfrac{\|\boldsymbol{y} - \boldsymbol{X}\widehat{\boldsymbol{a}}^{\mathrm{ML}}\|^2}{2} + \tfrac{(\widehat{\boldsymbol{a}}^{\mathrm{ML}} - \boldsymbol{\mu}_0)^\top \boldsymbol{\Lambda}_0 (\boldsymbol{X}^\top \boldsymbol{X} + \boldsymbol{\Lambda}_0)^{-1} \boldsymbol{X}^\top \boldsymbol{X} (\widehat{\boldsymbol{a}}^{\mathrm{ML}} - \boldsymbol{\mu}_0)}{2} + \beta_0
\end{aligned}
$$

です．したがって，事後分布はガウス–ガンマ分布

$$
p(\boldsymbol{a}, \sigma^{-2}|\mathcal{D}, \boldsymbol{\kappa}) = \mathrm{NormGa}_M(\boldsymbol{a}, \sigma^{-2}; \widehat{\boldsymbol{\mu}}, \widehat{\boldsymbol{\Lambda}}, \widehat{\alpha}, \widehat{\beta}) \tag{4.29}
$$

です．

4.6 多項分布モデルの場合

排反な K 種類の事象が起こる確率

$$
\boldsymbol{\theta} = (\theta_1, \ldots, \theta_K) \in \Delta^{K-1} \equiv \left\{ \boldsymbol{\theta} \in \mathbb{R}^K; 0 \le \theta_k \le 1, \sum_{k=1}^{K} \theta_k = 1 \right\}
$$

をパラメータとして持つ，ヒストグラム

$$
\boldsymbol{x} = (x_1, \ldots, x_K) \in \mathbb{H}_N^{K-1} \equiv \left\{ \boldsymbol{x} \in \mathbb{I}^K; 0 \le x_k \le N; \sum_{k=1}^{K} x_k = N \right\}
$$

上の多項分布モデル

$$p(\boldsymbol{x}|\boldsymbol{\theta}) = \mathrm{Multi}_{K,N}(\boldsymbol{x};\boldsymbol{\theta}) \equiv N! \prod_{k=1}^{K} \frac{\theta_k^{x_k}}{x_k!} \tag{4.30}$$

を考えます．

ディィリクレ型尤度関数

モデル尤度 (4.30) をパラメータ $\boldsymbol{\omega} = \boldsymbol{\theta}$ の関数としてみると，

$$p(\boldsymbol{x}|\boldsymbol{\theta}) \propto \mathrm{Dir}_K(\boldsymbol{\theta}; \boldsymbol{x} + \mathbf{1}_K)$$

と書けることがわかります．ここで，$\mathbf{1}_K$ はすべての成分が 1 である K 次元ベクトルです．したがって，多項分布モデルのモデル尤度はディィリクレ型関数であり，ディィリクレ分布が積について閉じていることを考えると，ディィリクレ分布は共役事前分布であることがわかります．

$\boldsymbol{\kappa} = \boldsymbol{\phi}$ を超パラメータとして持つディィリクレ事前分布

$$\begin{aligned} p(\boldsymbol{\theta}|\boldsymbol{\phi}) &\propto \mathrm{Dir}_K(\boldsymbol{\theta}; \boldsymbol{\phi}) \\ &\propto \prod_{k=1}^{K} \theta_k^{\phi_k - 1} \end{aligned}$$

を用いると，事後分布は

$$\begin{aligned} p(\boldsymbol{\theta}|\boldsymbol{x}, \boldsymbol{\phi}) &\propto p(\boldsymbol{x}|\boldsymbol{\theta}) p(\boldsymbol{\theta}|\boldsymbol{\phi}) \\ &\propto \mathrm{Dir}_K(\boldsymbol{\theta}; \boldsymbol{x} + \mathbf{1}_K) \cdot \mathrm{Dir}_K(\boldsymbol{\theta}; \boldsymbol{\phi}) \\ &\propto \prod_{k=1}^{K} \theta_k^{x_k} \cdot \theta_k^{\phi_k - 1} \\ &\propto \prod_{k=1}^{K} \theta_k^{x_k + \phi_k - 1} \end{aligned}$$

と書けます．したがって，事後分布は

$$p(\boldsymbol{\theta}|\boldsymbol{x}, \boldsymbol{\phi}) = \mathrm{Dir}_K(\boldsymbol{\theta}; \boldsymbol{x} + \boldsymbol{\phi}) \tag{4.31}$$

で与えられます．読者は，事後分布の計算の簡単さに驚かれたかもしれませ

多項分布は，$K=2$ のとき**二項分布** (**binomial distribution**)

$$p(x_1|\theta_1) = \binom{N}{x_1} \theta_1^{x_1}(1-\theta_1)^{N-x_1}$$

$K=2, N=1$ のとき**ベルヌーイ分布** (**Bernoulli distribution**)

$$p(x_1|\theta_1) = \theta_1^{x_1}(1-\theta_1)^{1-x_1}$$

に一致します．

一方，ディリクレ分布は $K=2$ のとき**ベータ分布** (**beta distribution**)

$$p(\theta_1|\phi_1,\phi_2) = \frac{1}{\mathcal{B}(\phi_1,\phi_2)}\theta_1^{\phi_1-1}(1-\theta_1)^{\phi_2-1}$$

に一致し，これは二項分布の共役事前分布です．ここで，$\mathcal{B}(\phi_1,\phi_2)=\frac{\Gamma(\phi_1)\Gamma(\phi_2)}{\Gamma(\phi_1+\phi_2)}$ はベータ関数です．

メモ 4.3 多項分布の特別な場合

ん．潜在的ディリクレ配分モデルのように，多項分布から構成されるモデルにおける変分ベイズ学習の計算も，同様に指数の足し算によって実行されます．なお，多項分布は二項分布およびベルヌーイ分布を，ディリクレ分布はベータ分布を特別な場合として含みます（**メモ 4.3** 参照）．

Chapter 5

予測分布と経験ベイズ学習

4 章では，いくつかの基本的な確率モデルにおいて，モデル尤度と事前分布との共役性を利用して事後分布を（規格化因子を含めて）解析的に計算しました．本章では，2.3 節に挙げた 4 つの量，すなわち周辺尤度，事後平均，事後共分散および予測分布を事後分布から計算する方法を紹介します．
事後平均と事後共分散は，事後分布がよく知られている形の分布であれば，事後分布を指定するパラメータの値から容易に計算できます．予測分布と周辺尤度は，事後分布を導出するときと似た計算によって得られますが，省略できる因子に関して注意が必要です．最後に，周辺尤度に基いて超パラメータを推定する経験ベイズ学習の実行例も紹介します．

5.1 事後平均（ベイズ推定量）と事後共分散

4 章において，ベイズ学習が解析的に実行可能な確率モデルについて事後分布を導出しました．ベイズ学習を完了するためには，2 章で紹介した 4 つの量，すなわち周辺尤度，事後平均，事後共分散および予測分布のうちのいずれかを，必要に応じて計算します．

どのパラメータをベイズ学習するかによって事後分布の形は異なりますが，等方的ガウス分布 (4.11) (4.14) (4.15)，ガウス分布モデル (4.19) (4.20)

(4.22), 線形回帰モデル (4.26) (4.28) (4.29) および多項分布モデル (4.31) のいずれの場合においても, 事後分布は表 4.1 で与えられる代表的な確率分布の形をしています. したがって, 事後平均や事後共分散を求めるためには, これらのよく知られる分布の平均と共分散を計算すればよいだけです.

表 5.1 に, 代表的な確率分布の 1 次および 2 次統計量をまとめました [*1]. 例えば, 線形回帰モデルで回帰パラメータ $\boldsymbol{a}$ のみをベイズ学習する場合の事後分布 (4.26) はガウス分布

$$p(\boldsymbol{a}|\mathcal{D}, \boldsymbol{a}_0, \boldsymbol{\Sigma}_0) = \mathrm{Norm}_M\left(\boldsymbol{a}; \widehat{\boldsymbol{a}}, \widehat{\boldsymbol{\Sigma}}_{\boldsymbol{a}}\right)$$

ただし,

$$\widehat{\boldsymbol{a}} = \left(\frac{\boldsymbol{X}^\top \boldsymbol{X}}{\sigma^2} + \boldsymbol{\Sigma}_0^{-1}\right)^{-1}\left(\frac{\boldsymbol{X}^\top \boldsymbol{y}}{\sigma^2} + \boldsymbol{\Sigma}_0^{-1}\boldsymbol{a}_0\right),$$
$$\widehat{\boldsymbol{\Sigma}}_{\boldsymbol{a}} = \left(\frac{\boldsymbol{X}^\top \boldsymbol{X}}{\sigma^2} + \boldsymbol{\Sigma}_0^{-1}\right)^{-1}$$

ですが, 事後平均および事後共分散はそれぞれ

$$\langle \boldsymbol{a} \rangle_{p(\boldsymbol{a}|\mathcal{D}, \boldsymbol{a}_0, \boldsymbol{\Sigma}_0)} = \widehat{\boldsymbol{a}},$$
$$\left\langle (\boldsymbol{a} - \langle \boldsymbol{a} \rangle)(\boldsymbol{a} - \langle \boldsymbol{a} \rangle)^\top \right\rangle_{p(\boldsymbol{a}|\mathcal{D}, \boldsymbol{a}_0, \boldsymbol{\Sigma}_0)} = \widehat{\boldsymbol{\Sigma}}_{\boldsymbol{a}}$$

で与えられます.

また, 等方的ガウス分布モデルで分散パラメータのみをベイズ学習する場合の事後分布 (4.14) はガンマ分布

$$p(\sigma^{-2}|\mathcal{D}, \alpha_0, \beta_0) = \mathrm{Ga}\left(\sigma^{-2}; \frac{MN}{2} + \alpha_0, \frac{1}{2}\sum_{n=1}^{N} \|\boldsymbol{x}^{(n)} - \boldsymbol{\mu}\|^2 + \beta_0\right)$$

になりますが, 事後平均と事後分散は

$$\left\langle \sigma^{-2} \right\rangle_{p(\sigma^{-2}|\mathcal{D}, \alpha_0, \beta_0)} = \frac{\frac{MN}{2} + \alpha_0}{\frac{1}{2}\sum_{n=1}^{N} \|\boldsymbol{x}^{(n)} - \boldsymbol{\mu}\|^2 + \beta_0},$$

*1 m 次統計量 (m-th order statistics) とは, 観測データの m 次関数によって表される（観測データを要約する）量です.

表 5.1 代表的な確率分布の 1 次および 2 次統計量．$\mathbf{Mean}(\boldsymbol{x}) = \langle \boldsymbol{x} \rangle_{p(\boldsymbol{x}|\boldsymbol{\omega})}$，$\mathrm{Var}(x) = \langle (x - \mathrm{Mean}(x))^2 \rangle_{p(\boldsymbol{x}|\boldsymbol{\omega})}$，$\mathbf{Cov}(\boldsymbol{x}) = \langle (\boldsymbol{x} - \mathbf{Mean}(\boldsymbol{x}))(\boldsymbol{x} - \mathbf{Mean}(\boldsymbol{x}))^\top \rangle_{p(\boldsymbol{x}|\boldsymbol{\omega})}$，$\Psi(z) \equiv \frac{d}{dz}\log \Gamma(z)$：ディガンマ関数，$\Psi_m(z) \equiv \frac{\mathrm{d}^m}{dz^m}\Psi(z)$：$m$ 次ポリガンマ関数を表します．

$p(\boldsymbol{x}\|\boldsymbol{\omega})$	1 次統計量	2 次統計量
$\mathrm{Norm}_M(\boldsymbol{x};\boldsymbol{\mu},\boldsymbol{\Sigma})$	$\mathbf{Mean}(\boldsymbol{x}) = \boldsymbol{\mu}$	$\mathbf{Cov}(\boldsymbol{x}) = \boldsymbol{\Sigma}$
$\mathrm{Ga}(x;\alpha,\beta)$	$\mathrm{Mean}(x) = \frac{\alpha}{\beta}$, $\mathrm{Mean}(\log x) = \Psi(\alpha) - \log\beta$	$\mathrm{Var}(x) = \frac{\alpha}{\beta^2}$, $\mathrm{Var}(\log x) = \Psi_1(\alpha)$
$\mathrm{W}_M(\boldsymbol{X};\boldsymbol{V},\nu)$	$\mathbf{Mean}(\boldsymbol{X}) = \nu\boldsymbol{V}$	$\mathrm{Var}(X_{m,m'}) = \nu(V_{m,m'}^2 + V_{m,m}V_{m',m'})$
$\mathrm{Multi}_{K,N}(\boldsymbol{x};\boldsymbol{\theta})$	$\mathbf{Mean}(\boldsymbol{x}) = N\boldsymbol{\theta}$	$(\mathbf{Cov}(\boldsymbol{x}))_{k,k'} = \begin{cases} N\theta_k(1-\theta_k) & (k=k') \\ -N\theta_k\theta_{k'} & (k \neq k') \end{cases}$
$\mathrm{Dir}_K(\boldsymbol{x};\boldsymbol{\phi})$	$\mathbf{Mean}(\boldsymbol{x}) = \frac{1}{\sum_{k=1}^K \phi_k}\boldsymbol{\phi}$ $\mathbf{Mean}(\log x_k) = \Psi(\phi_k) - \Psi(\sum_{k'=1}^K \phi_{k'})$	$(\mathbf{Cov}(\boldsymbol{x}))_{k,k'} = \begin{cases} \frac{\phi_k(\tau-\phi_k)}{\tau^2(\tau+1)} & (k=k') \\ -\frac{\phi_k\phi_{k'}}{\tau^2(\tau+1)} & (k \neq k') \end{cases}$ ただし　$\tau = \sum_{k=1}^K \phi_k$

$$\left\langle(\sigma^{-2}-\langle\sigma^{-2}\rangle)^2\right\rangle_{p(\sigma^{-2}|\mathcal{D},\alpha_0,\beta_0)}=\frac{\frac{MN}{2}+\alpha_0}{(\frac{1}{2}\sum_{n=1}^{N}\|\boldsymbol{x}^{(n)}-\boldsymbol{\mu}\|^2+\beta_0)^2}$$

で与えられます．

その他の場合も表 5.1 を用いて事後平均と事後共分散を簡単に計算することができます．

5.2 予測分布

新たな観測値 $\mathcal{D}^{\mathrm{new}}$ に対する予測分布は，再び分布が積に関して閉じていることを利用して計算されます．本節では，（回帰パラメータ $\boldsymbol{a}$ のみをベイズ学習する場合の）線形回帰モデルおよび多項分布モデルについて，予測分布を実際に計算してみましょう．

5.2.1 線形回帰モデルの場合

$\boldsymbol{\omega}=\boldsymbol{a}\in\mathbb{R}^M$ を未知パラメータとする線形回帰モデルについて考えます *2．

$$p(y|\boldsymbol{x},\boldsymbol{a})=\mathrm{Norm}_1(y;\boldsymbol{a}^\top\boldsymbol{x},\sigma^2)=\frac{\exp\left(-\frac{(y-\boldsymbol{a}^\top\boldsymbol{x})^2}{2\sigma^2}\right)}{\sqrt{2\pi\sigma^2}} \tag{5.1}$$

N 個のサンプル

$$\mathcal{D}=\boldsymbol{y}=(y^{(1)},\ldots,y^{(N)})^\top\in\mathbb{R}^N,\qquad \boldsymbol{X}=(\boldsymbol{x}^{(1)},\ldots,\boldsymbol{x}^{(N)})^\top\in\mathbb{R}^{N\times M}$$

に対するモデル尤度は

$$p(\boldsymbol{y}|\boldsymbol{X},\boldsymbol{a})=\mathrm{Norm}_N(\boldsymbol{y};\boldsymbol{X}\boldsymbol{a},\sigma^2\boldsymbol{I}_N)=\frac{\exp\left(-\frac{\|\boldsymbol{y}-\boldsymbol{X}\boldsymbol{a}\|^2}{2\sigma^2}\right)}{(2\pi\sigma^2)^{N/2}} \tag{5.2}$$

で与えられます．事前分布として，平均 $\mathbf{0}$，共分散 $\boldsymbol{C}$ のガウス分布

$$p(\boldsymbol{a}|\boldsymbol{C})=\mathrm{Norm}_M(\boldsymbol{a};\mathbf{0},\boldsymbol{C})=\frac{\exp\left(-\frac{1}{2}\boldsymbol{a}^\top\boldsymbol{C}^{-1}\boldsymbol{a}\right)}{(2\pi)^{M/2}|\boldsymbol{C}|^{1/2}} \tag{5.3}$$

---

*2 ノイズ分散 σ^2 は既知の定数として扱います．

を用います．

一般のガウス事前分布を用いたときの事後分布が式 (4.26) で与えられるので，事前分布 (5.3) を用いたときの事後分布は

$$p(\boldsymbol{a}|\boldsymbol{y},\boldsymbol{X},\boldsymbol{C}) = \mathrm{Norm}_M\left(\boldsymbol{a};\widehat{\boldsymbol{a}},\widehat{\boldsymbol{\Sigma}}_{\boldsymbol{a}}\right) = \frac{\exp\left(-\frac{(\boldsymbol{a}-\widehat{\boldsymbol{a}})^\top \widehat{\boldsymbol{\Sigma}}_{\boldsymbol{a}}^{-1}(\boldsymbol{a}-\widehat{\boldsymbol{a}})}{2}\right)}{(2\pi)^{M/2}|\widehat{\boldsymbol{\Sigma}}_{\boldsymbol{a}}|^{1/2}} \quad (5.4)$$

となります．ただし，

$$\widehat{\boldsymbol{a}} = \left(\frac{\boldsymbol{X}^\top\boldsymbol{X}}{\sigma^2} + \boldsymbol{C}^{-1}\right)^{-1}\frac{\boldsymbol{X}^\top\boldsymbol{y}}{\sigma^2} = \widehat{\boldsymbol{\Sigma}}_{\boldsymbol{a}}\frac{\boldsymbol{X}^\top\boldsymbol{y}}{\sigma^2} \quad (5.5)$$

$$\widehat{\boldsymbol{\Sigma}}_{\boldsymbol{a}} = \left(\frac{\boldsymbol{X}^\top\boldsymbol{X}}{\sigma^2} + \boldsymbol{C}^{-1}\right)^{-1} \quad (5.6)$$

です．

では，新たな入力 $\boldsymbol{x}^*$ に対する出力 y^* の予測分布を計算してみましょう．予測分布は，（新たな入出力上の）モデル分布 (5.1) の事後分布 (5.4) に関する期待値です．

$$\begin{aligned}
p(y^*|\boldsymbol{x}^*,\boldsymbol{y},\boldsymbol{X},\boldsymbol{C}) &= \langle p(y^*|\boldsymbol{x}^*,\boldsymbol{a})\rangle_{p(\boldsymbol{a}|\boldsymbol{y},\boldsymbol{X},\boldsymbol{C})} \\
&= \int p(y^*|\boldsymbol{x}^*,\boldsymbol{a})p(\boldsymbol{a}|\boldsymbol{y},\boldsymbol{X},\boldsymbol{C})d\boldsymbol{a} \\
&= \int \mathrm{Norm}_1(y^*;\boldsymbol{a}^\top\boldsymbol{x}^*,\sigma^2)\mathrm{Norm}_M\left(\boldsymbol{a};\widehat{\boldsymbol{a}},\widehat{\boldsymbol{\Sigma}}_{\boldsymbol{a}}\right)d\boldsymbol{a}
\end{aligned}$$

まず，被積分関数を積分変数である平均パラメータ $\boldsymbol{a}$ の関数として平方完成します．ただし，予測分布は新たな出力 y^* の関数ですので，y^* に依存する量は省略せずに積分の外に出します．

$$\begin{aligned}
p(y^*|\boldsymbol{x}^*,\boldsymbol{y},\boldsymbol{X},\boldsymbol{C}) &\propto \int \exp\left(-\frac{(y^*-\boldsymbol{a}^\top\boldsymbol{x}^*)^2}{2\sigma^2} - \frac{(\boldsymbol{a}-\widehat{\boldsymbol{a}})^\top\widehat{\boldsymbol{\Sigma}}_{\boldsymbol{a}}^{-1}(\boldsymbol{a}-\widehat{\boldsymbol{a}})}{2}\right)d\boldsymbol{a} \\
&\propto \exp\left(-\frac{y^{*2}}{2\sigma^2}\right)\int\exp\left(-\frac{\boldsymbol{a}^\top\left(\widehat{\boldsymbol{\Sigma}}_{\boldsymbol{a}}^{-1}+\frac{\boldsymbol{x}^*\boldsymbol{x}^{*\top}}{\sigma^2}\right)\boldsymbol{a}-2\boldsymbol{a}^\top\left(\widehat{\boldsymbol{\Sigma}}_{\boldsymbol{a}}^{-1}\widehat{\boldsymbol{a}}+\frac{\boldsymbol{x}^*y^*}{\sigma^2}\right)}{2}\right)d\boldsymbol{a} \\
&\propto \exp\left(-\frac{\sigma^{-2}y^{*2}-\left(\widehat{\boldsymbol{\Sigma}}_{\boldsymbol{a}}^{-1}\widehat{\boldsymbol{a}}+\frac{\boldsymbol{x}^*y^*}{\sigma^2}\right)^\top\left(\widehat{\boldsymbol{\Sigma}}_{\boldsymbol{a}}^{-1}+\frac{\boldsymbol{x}^*\boldsymbol{x}^{*\top}}{\sigma^2}\right)^{-1}\left(\widehat{\boldsymbol{\Sigma}}_{\boldsymbol{a}}^{-1}\widehat{\boldsymbol{a}}+\frac{\boldsymbol{x}^*y^*}{\sigma^2}\right)}{2}\right)
\end{aligned}$$

$$\cdot \int \exp\left(-\frac{(\boldsymbol{a}-\breve{\boldsymbol{a}})^\top \left(\widehat{\boldsymbol{\Sigma}}_{\boldsymbol{a}}^{-1}+\frac{\boldsymbol{x}^*\boldsymbol{x}^{*\top}}{\sigma^2}\right)(\boldsymbol{a}-\breve{\boldsymbol{a}})}{2}\right) d\boldsymbol{a} \tag{5.7}$$

ここで，

$$\breve{\boldsymbol{a}} = \left(\widehat{\boldsymbol{\Sigma}}_{\boldsymbol{a}}^{-1} + \frac{\boldsymbol{x}^*\boldsymbol{x}^{*\top}}{\sigma^2}\right)^{-1} \left(\widehat{\boldsymbol{\Sigma}}_{\boldsymbol{a}}^{-1}\widehat{\boldsymbol{a}} + \frac{\boldsymbol{x}^* y^*}{\sigma^2}\right)$$

を用いました．

式 (5.7) の被積分関数は（$\boldsymbol{a}$ を確率変数とする）ガウス分布 $\mathrm{Norm}_M\left(\boldsymbol{a}; \breve{\boldsymbol{a}}, \left(\widehat{\boldsymbol{\Sigma}}_{\boldsymbol{a}}^{-1} + \frac{\boldsymbol{x}^*\boldsymbol{x}^{*\top}}{\sigma^2}\right)^{-1}\right)$ の比例定数を除いた本体部分（表 4.1 の黒字部分）です．したがって，この積分値は比例定数（表 4.1 の青字部分）の逆数

$$\int \exp\left(-\frac{(\boldsymbol{a}-\breve{\boldsymbol{a}})^\top \left(\widehat{\boldsymbol{\Sigma}}_{\boldsymbol{a}}^{-1}+\frac{\boldsymbol{x}^*\boldsymbol{x}^{*\top}}{\sigma^2}\right)(\boldsymbol{a}-\breve{\boldsymbol{a}})}{2}\right) d\boldsymbol{a} = (2\pi)^{M/2}\left|\widehat{\boldsymbol{\Sigma}}_{\boldsymbol{a}}^{-1} + \frac{\boldsymbol{x}^*\boldsymbol{x}^{*\top}}{\sigma^2}\right|^{-1/2}$$

ですが，これは y^* に依存しませんので省略します．式 (5.5) および式 (5.6) を用いたうえで式 (5.7) を確率変数 y^* について平方完成すると，

$$\begin{aligned}
&p(y^*|\boldsymbol{x}^*, \boldsymbol{y}, \boldsymbol{X}, \boldsymbol{C}) \\
&\quad\propto \exp\left(-\frac{\sigma^{-2}y^{*2} - \left(\widehat{\boldsymbol{\Sigma}}_{\boldsymbol{a}}^{-1}\widehat{\boldsymbol{a}}+\frac{\boldsymbol{x}^*y^*}{\sigma^2}\right)^\top \left(\widehat{\boldsymbol{\Sigma}}_{\boldsymbol{a}}^{-1}+\frac{\boldsymbol{x}^*\boldsymbol{x}^{*\top}}{\sigma^2}\right)^{-1}\left(\widehat{\boldsymbol{\Sigma}}_{\boldsymbol{a}}^{-1}\widehat{\boldsymbol{a}}+\frac{\boldsymbol{x}^*y^*}{\sigma^2}\right)}{2}\right) \\
&\quad\propto \exp\left(-\frac{y^{*2} - \left(\boldsymbol{X}^\top\boldsymbol{y}+\boldsymbol{x}^*y^*\right)^\top\left(\boldsymbol{X}^\top\boldsymbol{X}+\boldsymbol{x}^*\boldsymbol{x}^{*\top}+\sigma^2\boldsymbol{C}^{-1}\right)^{-1}\left(\boldsymbol{X}^\top\boldsymbol{y}+\boldsymbol{x}^*y^*\right)}{2\sigma^2}\right) \\
&\quad\propto \exp\left(-\frac{1}{2\sigma^2}\left\{y^{*2}\left(1-\boldsymbol{x}^{*\top}\left(\boldsymbol{X}^\top\boldsymbol{X}+\boldsymbol{x}^*\boldsymbol{x}^{*\top}+\sigma^2\boldsymbol{C}^{-1}\right)^{-1}\boldsymbol{x}^*\right)\right.\right. \\
&\qquad\qquad\left.\left. -2y^*\boldsymbol{x}^{*\top}\left(\boldsymbol{X}^\top\boldsymbol{X}+\boldsymbol{x}^*\boldsymbol{x}^{*\top}+\sigma^2\boldsymbol{C}^{-1}\right)^{-1}\boldsymbol{X}^\top\boldsymbol{y}\right\}\right) \\
&\quad\propto \exp\left(-\frac{1-\boldsymbol{x}^{*\top}\left(\boldsymbol{X}^\top\boldsymbol{X}+\boldsymbol{x}^*\boldsymbol{x}^{*\top}+\sigma^2\boldsymbol{C}^{-1}\right)^{-1}\boldsymbol{x}^*}{2\sigma^2}\right. \\
&\qquad\qquad\left.\cdot\left(y^* - \frac{\boldsymbol{x}^{*\top}\left(\boldsymbol{X}^\top\boldsymbol{X}+\boldsymbol{x}^*\boldsymbol{x}^{*\top}+\sigma^2\boldsymbol{C}^{-1}\right)^{-1}\boldsymbol{X}^\top\boldsymbol{y}}{1-\boldsymbol{x}^{*\top}\left(\boldsymbol{X}^\top\boldsymbol{X}+\boldsymbol{x}^*\boldsymbol{x}^{*\top}+\sigma^2\boldsymbol{C}^{-1}\right)^{-1}\boldsymbol{x}^*}\right)^2\right)
\end{aligned}$$

$$\propto \exp\left(-\frac{(y^* - \widehat{y})^2}{2\widehat{\sigma}_y^2}\right)$$

が得られます．ただし，

$$\widehat{y} = \frac{\boldsymbol{x}^{*\top}\left(\boldsymbol{X}^\top\boldsymbol{X} + \boldsymbol{x}^*\boldsymbol{x}^{*\top} + \sigma^2\boldsymbol{C}^{-1}\right)^{-1}\boldsymbol{X}^\top\boldsymbol{y}}{1 - \boldsymbol{x}^{*\top}\left(\boldsymbol{X}^\top\boldsymbol{X} + \boldsymbol{x}^*\boldsymbol{x}^{*\top} + \sigma^2\boldsymbol{C}^{-1}\right)^{-1}\boldsymbol{x}^*},$$

$$\widehat{\sigma}_y^2 = \frac{\sigma^2}{1 - \boldsymbol{x}^{*\top}\left(\boldsymbol{X}^\top\boldsymbol{X} + \boldsymbol{x}^*\boldsymbol{x}^{*\top} + \sigma^2\boldsymbol{C}^{-1}\right)^{-1}\boldsymbol{x}^*}$$

です．したがって，予測分布が

$$p(y^*|\boldsymbol{x}^*, \boldsymbol{y}, \boldsymbol{X}, \boldsymbol{C}) = \mathrm{Norm}_1\left(y^*; \widehat{y}, \widehat{\sigma}_y^2\right)$$

で与えられることがわかりました．

図 5.1 に，図 3.2 に示されたサンプルによって学習された線形回帰モデルの予測分布を示します．ただし，事前共分散およびノイズ分散を $\boldsymbol{C} =$

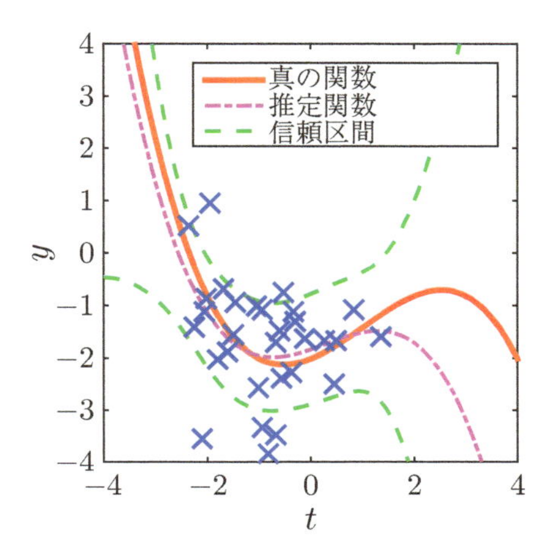

図 5.1 線形回帰モデルの予測分布（$\boldsymbol{C} = 10000 \cdot \boldsymbol{I}_M, \sigma^2 = 1$）．サンプル（青×印）および真の関数（赤の実線）は図 3.2 に示したものと同じです．推定関数（予測分布の平均値）$\widehat{y}$ を紫の破線，信頼区間（$\widehat{y} \pm \widehat{\sigma}_y$）を緑の破線で示しました．

$10000 \cdot \boldsymbol{I}_M, \sigma^2 = 1$ としました．サンプル（青×印）および真の関数（赤曲線）は図 3.2 に示したものと同じです．推定関数（予測分布の平均値）$\widehat{y}$ を紫の破線，信頼区間（$\widehat{y} \pm \widehat{\sigma}_y$）を緑の曲線で示しました．

観測サンプルが中央付近（$t \in [-2.4, 1.6]$）にしか存在しないことを反映して，両端の領域で**信頼区間 (confidence interval)**（緑曲線間の幅）が広がっていることがわかります．信頼区間の広がりは，この領域で関数回帰の信頼性が低いことを示唆しており，実際に真の関数と推定関数との間の誤差が大きいことがわかります．実問題で関数回帰を行うときには真の関数を知ることはできないため，真の関数と推定関数との差から推定精度を見積もることはできないことに注意してください．ベイズ学習は，予測分布を通して推定精度に関する情報を自然に提供してくれるのです．

5.2.2 多項分布モデルの場合

未知パラメータ $\boldsymbol{\omega} = \boldsymbol{\theta} = (\theta_1, \ldots, \theta_K) \in \Delta^{K-1}$ を持つ観測データ $\mathcal{D} = \boldsymbol{x} = (x_1, \ldots, x_K) \in \mathbb{H}_N^{K-1}$ 上の多項分布モデルの予測分布を計算します．

$$
\begin{aligned}
p(\boldsymbol{x}|\boldsymbol{\theta}) &= \mathrm{Multi}_{K,N}(\boldsymbol{x};\boldsymbol{\theta}) \equiv N! \prod_{k=1}^{K} \frac{\theta_k^{x_k}}{x_k!}, \\
p(\boldsymbol{\theta}|\boldsymbol{\phi}) &\propto \mathrm{Dir}_K(\boldsymbol{\theta};\boldsymbol{\phi}) \propto \prod_{k=1}^{K} \theta_k^{\phi_k - 1}
\end{aligned}
\tag{5.8}
$$

事後分布 (4.31) は

$$
p(\boldsymbol{\theta}|\boldsymbol{x},\boldsymbol{\phi}) = \mathrm{Dir}_K(\boldsymbol{\theta};\boldsymbol{x}+\boldsymbol{\phi}) \propto \prod_{k=1}^{K} \theta_k^{x_k+\phi_k-1} \tag{5.9}
$$

で与えられますので，新たな 1 サンプル $\boldsymbol{x}^* \in \mathbb{H}_1^{K-1}$ に対する予測分布は，

$$
\begin{aligned}
p(\boldsymbol{x}^*|\boldsymbol{x},\boldsymbol{\phi}) &= \langle p(\boldsymbol{x}^*|\boldsymbol{\theta}) \rangle_{p(\boldsymbol{\theta}|\boldsymbol{x},\boldsymbol{\phi})} \\
&= \int p(\boldsymbol{x}^*|\boldsymbol{\theta}) p(\boldsymbol{\theta}|\boldsymbol{x},\boldsymbol{\phi}) d\boldsymbol{\theta} \\
&= \int \mathrm{Multi}_{K,1}(\boldsymbol{x}^*;\boldsymbol{\theta}) \mathrm{Dir}_K(\boldsymbol{\theta};\boldsymbol{x}+\boldsymbol{\phi}) d\boldsymbol{\theta}
\end{aligned}
$$

$$\propto \int \prod_{k=1}^{K} \theta_k^{x_k^*} \cdot \theta_k^{x_k+\phi_k-1} d\boldsymbol{\theta}$$
$$= \int \prod_{k=1}^{K} \theta_k^{x_k^*+x_k+\phi_k-1} d\boldsymbol{\theta} \tag{5.10}$$

と書けます．4 番目の式で，$\boldsymbol{x}^*$ および（積分変数である）$\boldsymbol{\theta}$ に依存しない因子を省略しました．

被積分関数は（$\boldsymbol{\theta}$ を確率変数とする）ディリクレ分布 $\mathrm{Dir}_K(\boldsymbol{\theta}; \boldsymbol{x}^* + \boldsymbol{x} + \boldsymbol{\phi})$ の比例定数を除いた本体部分（表 4.1 の黒字部分）であることがわかります．したがって，この積分値は比例定数（表 4.1 の青字部分）の逆数に一致します．

$$\int \prod_{k=1}^{K} \theta_k^{x_k^*+x_k+\phi_k-1} d\boldsymbol{\theta} = \frac{\prod_{k=1}^{K} \Gamma(x_k^* + x_k + \phi_k)}{\Gamma(\sum_{k=1}^{K} x_k^* + x_k + \phi_k)}$$
$$= \frac{\prod_{k=1}^{K} \Gamma(x_k^* + x_k + \phi_k)}{\Gamma(N + \sum_{k=1}^{K} \phi_k + 1)}$$

これを式 (5.10) に代入してガンマ関数の性質 $\Gamma(x+1) = x\Gamma(x)$ を用い，さらに $\boldsymbol{x}^*$ に依存しない因子を省略していくと，予測分布

$$p(\boldsymbol{x}^*|\boldsymbol{x}, \boldsymbol{\phi}) \propto \prod_{k=1}^{K} \Gamma(x_k^* + x_k + \phi_k)$$
$$\propto \prod_{k=1}^{K} (x_k + \phi_k)^{x_k^*} \Gamma(x_k + \phi_k)$$
$$\propto \prod_{k=1}^{K} (x_k + \phi_k)^{x_k^*}$$
$$\propto \prod_{k=1}^{K} \left(\frac{x_k + \phi_k}{\sum_{k'=1}^{K} x_{k'} + \phi_{k'}} \right)^{x_k^*}$$
$$= \mathrm{Multi}_{K,1}(\boldsymbol{x}^*; \widehat{\boldsymbol{\theta}}) \tag{5.11}$$

が得られます．ただし，

$$\widehat{\theta}_k = \frac{x_k + \phi_k}{\sum_{k'=1}^{K} x_{k'} + \phi_{k'}} \tag{5.12}$$

です．

式 (5.9) および表 5.1 から，式 (5.12) によって与えられる $\widehat{\boldsymbol{\theta}}$ はディリクレ事後平均

$$\widehat{\boldsymbol{\theta}} = \langle \boldsymbol{\theta} \rangle_{\mathrm{Dir}_K(\boldsymbol{\theta}; \boldsymbol{x}+\boldsymbol{\phi})} \tag{5.13}$$

に一致することが容易に確認できます．したがって，多項分布モデルにおいては，パラメータ $\boldsymbol{\theta}$ のベイズ推定量（事後平均）を多項分布モデルに代入した分布と予測分布とが一致します．

上の導出では，多項分布の関数形を導くために積分を実行しました．しかし予測分布を決めるのに必要な情報は，$\boldsymbol{x}^* \in \mathbb{H}_1^{K-1} = \{\boldsymbol{e}_k\}_{k=1}^K$ の高々 K 個の実現値に対する確率です．したがって，以下の簡単な計算から予測分布を導くこともできます．

$$\begin{aligned}
\Pr(\boldsymbol{x}^* = \boldsymbol{e}_k | \boldsymbol{x}, \boldsymbol{\phi}) &= \langle \mathrm{Multi}_{K,1}(\boldsymbol{e}_k; \boldsymbol{\theta}) \rangle_{\mathrm{Dir}_K(\boldsymbol{\theta}; \boldsymbol{x}+\boldsymbol{\phi})} \\
&= \langle \theta_k \rangle_{\mathrm{Dir}_K(\boldsymbol{\theta}; \boldsymbol{x}+\boldsymbol{\phi})} \\
&= \widehat{\theta}_k
\end{aligned}$$

この確率を実現する予測分布は式 (5.11) で与えられる多項分布です．

5.3　周辺尤度

式 (5.2) および式 (5.3) で与えられる線形回帰モデルの周辺尤度を計算してみましょう．周辺尤度はモデル選択や超パラメータ推定のための規準として用いられるので，計算の途中で不用意に比例定数を省略することはできません．すべてのモデル候補が超パラメータ $\boldsymbol{\kappa} = \boldsymbol{C}$ によって記述される場合には，$\boldsymbol{\kappa}$ 依存性のみに注目して依存しない因子を省略することができますが，まったく異なる複数の確率モデルからモデル選択を行うような場合には，確率分布の規格化因子などを含め，すべての因子を考慮する必要があります．

$$\begin{aligned}
p(\mathcal{D}|\boldsymbol{C}) &= p(\boldsymbol{y}|\boldsymbol{X}, \boldsymbol{C}) \\
&= \langle p(\boldsymbol{y}|\boldsymbol{X}, \boldsymbol{a}) \rangle_{p(\boldsymbol{a}|\boldsymbol{C})} \\
&= \int p(\boldsymbol{y}|\boldsymbol{X}, \boldsymbol{a}) p(\boldsymbol{a}|\boldsymbol{C}) d\boldsymbol{a}
\end{aligned}$$

$$
\begin{aligned}
&= \int \mathrm{Norm}_N(\boldsymbol{y}; \boldsymbol{X}\boldsymbol{a}, \sigma^2 \boldsymbol{I}_N)\mathrm{Norm}_M(\boldsymbol{a}; \boldsymbol{0}, \boldsymbol{C})d\boldsymbol{a} \\
&= \int \frac{\exp\left(-\frac{\|\boldsymbol{y}-\boldsymbol{X}\boldsymbol{a}\|^2}{2\sigma^2}\right)}{(2\pi\sigma^2)^{N/2}} \cdot \frac{\exp\left(-\frac{1}{2}\boldsymbol{a}^\top \boldsymbol{C}^{-1}\boldsymbol{a}\right)}{(2\pi)^{M/2}|\boldsymbol{C}|^{1/2}} d\boldsymbol{a} \\
&= \frac{\exp\left(-\frac{\|\boldsymbol{y}\|^2}{2\sigma^2}\right)}{(2\pi\sigma^2)^{N/2}(2\pi)^{M/2}|\boldsymbol{C}|^{1/2}} \\
&\qquad \cdot \int \exp\left(-\frac{-2\boldsymbol{a}^\top \frac{\boldsymbol{X}^\top \boldsymbol{y}}{\sigma^2} + \boldsymbol{a}^\top \left(\frac{\boldsymbol{X}^\top \boldsymbol{X}}{\sigma^2} + \boldsymbol{C}^{-1}\right)\boldsymbol{a}}{2}\right) d\boldsymbol{a} \\
&= \frac{\exp\left(-\frac{1}{2}\left(\frac{\|\boldsymbol{y}\|^2}{\sigma^2} - \widehat{\boldsymbol{a}}^\top \widehat{\boldsymbol{\Sigma}}_{\boldsymbol{a}}^{-1} \widehat{\boldsymbol{a}}\right)\right)}{(2\pi\sigma^2)^{N/2}(2\pi)^{M/2}|\boldsymbol{C}|^{1/2}} \\
&\qquad \cdot \int \exp\left(-\frac{(\boldsymbol{a}-\widehat{\boldsymbol{a}})^\top \widehat{\boldsymbol{\Sigma}}_{\boldsymbol{a}}^{-1} (\boldsymbol{a}-\widehat{\boldsymbol{a}})}{2}\right) d\boldsymbol{a}
\end{aligned} \tag{5.14}
$$

ただし，$\widehat{\boldsymbol{a}}$ および $\widehat{\boldsymbol{\Sigma}}_{\boldsymbol{a}}$ はそれぞれ，式 (5.5) および式 (5.6) で与えられる事後平均と事後共分散です．

式 (5.14) の積分はガウス分布の本体の積分であり，表 4.1 に青字で示された規格化因子から

$$
\int \exp\left(-\frac{(\boldsymbol{a}-\widehat{\boldsymbol{a}})^\top \widehat{\boldsymbol{\Sigma}}_{\boldsymbol{a}}^{-1} (\boldsymbol{a}-\widehat{\boldsymbol{a}})}{2}\right) d\boldsymbol{a} = \sqrt{(2\pi)^M |\widehat{\boldsymbol{\Sigma}}_{\boldsymbol{a}}|}
$$

であることがわかります．これを 式 (5.14) に代入することによって

$$
\begin{aligned}
p(\boldsymbol{y}|\boldsymbol{X}, \boldsymbol{C}) &= \frac{\exp\left(-\frac{1}{2}\left(\frac{\|\boldsymbol{y}\|^2}{\sigma^2} - \frac{\boldsymbol{y}^\top \boldsymbol{X} \widehat{\boldsymbol{\Sigma}}_{\boldsymbol{a}} \boldsymbol{X}^\top \boldsymbol{y}}{\sigma^4}\right)\right)}{(2\pi\sigma^2)^{N/2}(2\pi)^{M/2}|\boldsymbol{C}|^{1/2}} \sqrt{(2\pi)^M |\widehat{\boldsymbol{\Sigma}}_{\boldsymbol{a}}|} \\
&= \frac{\exp\left(-\frac{\|\boldsymbol{y}\|^2 - \boldsymbol{y}^\top \boldsymbol{X}\left(\boldsymbol{X}^\top \boldsymbol{X} + \sigma^2 \boldsymbol{C}^{-1}\right)^{-1} \boldsymbol{X}^\top \boldsymbol{y}}{2\sigma^2}\right)}{(2\pi\sigma^2)^{N/2}|\boldsymbol{C}\boldsymbol{X}^\top \boldsymbol{X} + \sigma^2 \boldsymbol{I}_M|^{1/2}}
\end{aligned} \tag{5.15}
$$

が得られます．ここで，式 (5.5) および式 (5.6) を用いました．

式 (5.15) によって，線形回帰モデルの周辺尤度が明示的に示されました．これは超パラメータ $\boldsymbol{\kappa} = \boldsymbol{C}$ の関数です．次節では，これを用いて経験ベイ

ズ学習を実行します.

5.4 経験ベイズ学習

経験ベイズ学習 (**empirical Bayesian learning**) では, 周辺尤度 $p(\mathcal{D}|\boldsymbol{\kappa})$ を最大化することによって超パラメータ $\boldsymbol{\kappa}$ を推定します. 対数周辺尤度の符号反転

$$F^* = -\log p(\mathcal{D}|\boldsymbol{\kappa}) \tag{5.16}$$

は**ベイズ自由エネルギー** (**Bayes free energy**) あるいは**確率的複雑さ** (**stochastic complexity**) と呼ばれます [*3]. $\log(\cdot)$ は単調関数なので, 周辺尤度を最大化することはベイズ自由エネルギーを最小化することと等価です.

式 (5.15) より, 線形回帰モデルのベイズ自由エネルギーは以下で与えられることがわかります.

$$\begin{aligned} 2F^* &= -2\log p(\boldsymbol{y}|\boldsymbol{X}, \boldsymbol{C}) \\ &= N\log(2\pi\sigma^2) + \log|\boldsymbol{C}\boldsymbol{X}^\top\boldsymbol{X} + \sigma^2\boldsymbol{I}_M| \\ &\quad + \frac{\|\boldsymbol{y}\|^2 - \boldsymbol{y}^\top\boldsymbol{X}\left(\boldsymbol{X}^\top\boldsymbol{X} + \sigma^2\boldsymbol{C}^{-1}\right)^{-1}\boldsymbol{X}^\top\boldsymbol{y}}{\sigma^2} \end{aligned} \tag{5.17}$$

超パラメータである事前共分散を対角行列

$$\boldsymbol{C} = \mathbf{Diag}(c_1^2, \ldots, c_M^2) \in \mathbb{D}^M$$

に限定します. 3.3 節で述べたように, この事前分布で経験ベイズ学習を行うと**自動関連度決定** (**automatic relevance determination**) が起こり, 解が疎になります. 以下では, 計画行列が単位行列 $\boldsymbol{X} = \boldsymbol{I}_M$ である解析が容易なモデルを用いて, この性質を説明します.

このときベイズ自由エネルギー (5.17) は

$$2F^* = N\log(2\pi\sigma^2) + \log|\boldsymbol{C} + \sigma^2\boldsymbol{I}_M| + \frac{\|\boldsymbol{y}\|^2 - \boldsymbol{y}^\top\left(\boldsymbol{I}_M + \sigma^2\boldsymbol{C}^{-1}\right)^{-1}\boldsymbol{y}}{\sigma^2}$$

*3 ベイズ自由エネルギーの符号反転 $\log p(\mathcal{D}|\boldsymbol{\kappa})$ は, **対数尤度** (**log likelihood**) あるいは**証拠** (**evidence**) と呼ばれます.

$$= N\log(2\pi\sigma^2) + \frac{\|\boldsymbol{y}\|^2}{\sigma^2} + \sum_{m=1}^{M}\left(\log(c_m^2+\sigma^2) - \frac{y_m^2}{\sigma^2\left(1+\sigma^2 c_m^{-2}\right)}\right)$$

$$= \sum_{m=1}^{M} 2F_m^* + \text{const.} \tag{5.18}$$

と分解できます．ただし

$$2F_m^* = \log\left(1+\frac{c_m^2}{\sigma^2}\right) - \frac{y_m^2}{\sigma^2}\left(1+\frac{\sigma^2}{c_m^2}\right)^{-1} \tag{5.19}$$

です．

式 (5.18) では，超パラメータ $\boldsymbol{C}$ に依存しない項を省略しました．残った項は成分 m ごとに分解されているので，各 F_m^* を独立に c_m^2 に関して最小化できます [*4]．

式 (5.19) を c_m^2 で微分することにより，c_m^2 の経験ベイズ推定量を求めます．

$$\begin{aligned} 2\frac{\partial F_m^*}{\partial c_m^2} &= \frac{1}{c_m^2+\sigma^2} - \frac{y_m^2}{\left(1+\sigma^2 c_m^{-2}\right)^2 c_m^4} \\ &= \frac{1}{c_m^2+\sigma^2} - \frac{y_m^2}{\left(c_m^2+\sigma^2\right)^2} \\ &= \frac{c_m^2-(y_m^2-\sigma^2)}{(c_m^2+\sigma^2)^2} \end{aligned} \tag{5.20}$$

式 (5.20) から，F_m^* は $y_m^2 \leq \sigma^2$ のとき全領域 $c_m^2 > 0$ で単調増加であり，$y_m^2 > \sigma^2$ のとき $c_m^2 > 0$ の範囲に最小値を 1 つだけ持つことがわかります．すなわち

$$\widehat{c}_m^2 = \begin{cases} y_m^2 - \sigma^2 & \text{if } y_m^2 > \sigma^2 \\ +0 & \text{otherwise} \end{cases} \tag{5.21}$$

となります．図 **5.2** に，（成分ごとの）ベイズ自由エネルギー (5.19) の振る舞いを，異なる観測値 $y_m = 0, 1, 1.5, 2$ が得られた場合について示します．$y_m^2 = \sigma^2$ を境に，正の領域に最小値（×印）が現れる様子がわかります．

---

*4　これは，$\boldsymbol{X} = \boldsymbol{I}_M$ と仮定したことによる恩恵であり，一般の場合には起こりません．

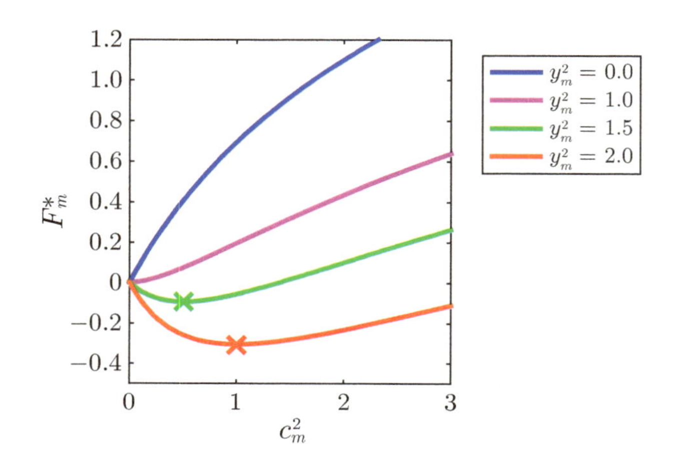

図 5.2 自動関連度決定モデルにおける，事前分散推定の様子．縦軸は成分ごとのベイズ自由エネルギー (5.19)．$\sigma^2 = 1$ の場合の図ですが，$y_m \to y_m/\sigma^2$，$c_m^2 \to c_m^2/\sigma^2$ とスケールを変えれば任意の σ^2 に対して同じ図が得られます．×印は最小値を示します．

事前分散の経験ベイズ推定量が $\widehat{c}_m^2 \to +0$ となることは [*5]，何を意味するのでしょうか？　このとき，回帰パラメータ $\boldsymbol{a}$ の m 番目の成分 a_m の**事前分布**は原点に位置するデルタ関数になります．これは，**事前に** $a_m = 0$ とすることに**決めていた**ということに相当します．すなわち，m 番目の成分が含まれていないモデルが選択されたわけです．

式 (5.21) をベイズ事後平均 (5.5) に代入することによって，**経験ベイズ推定量 (empirical Bayesian estimator)** が得られます．

$$\widehat{a}_m^{\mathrm{EB}} = \widehat{c}_m^2 \left(\widehat{c}_m^2 + \sigma^2\right)^{-1} y_m$$
$$= \begin{cases} \left(1 - \frac{\sigma^2}{y_m^2}\right) y_m & \text{if } y_m^2 > \sigma^2 \\ 0 & \text{otherwise} \end{cases} \tag{5.22}$$

式 (5.22) の形の推定量は，**ジェームス–スタイン型推定量 (James-Stein type estimator)** と呼ばれ，最尤推定量に対する優越性などの面白い性質

*5　$y_m^2 \leq \sigma^2$ のとき，ベイズ自由エネルギー (5.19) は c_m^2 が 0 に近づけば近づくほど小さくなります．しかし，c_m^2 の定義域は $c_m^2 > 0$ なので，$\widehat{c}_m^2 = 0$ を解とすることはできません．このような状況における最小化問題の解を，本書では $\widehat{c}_m^2 \to +0$ と表現します．

を持ちます．また，ベイズ学習との関連を含めて多くの研究がなされています [3]．

なお，$\boldsymbol{X} = \boldsymbol{I}_M$ という仮定は実用的ではありません．一般の $\boldsymbol{X}$ に対しては自由エネルギーは成分ごとに分解されないため，ベイズ自由エネルギー (5.17) を最小にする事前分散 $\{c_m^2\}_{m=1}^M$ は互いに影響し合います．そのため上記のような単純なメカニズムは当てはまりませんが，一般に，多くの成分に対して事前分散が $\widehat{c}_m^2 \to +0$ となる傾向にあり，経験ベイズ推定量 $\widehat{\boldsymbol{a}}^{\mathrm{EB}}$ が疎なベクトルになることが知られています．

Chapter 6

変分ベイズ学習

本章ではいよいよ，変分ベイズ学習について説明します．多くの実用的な確率モデルにおいて，共役性に基づいてベイズ学習を解析的に行うことはできません．しかしそれらのうちの多くは，共役性を持つ基本的な確率分布の組み合わせによって構成されています．変分ベイズ学習は，そのような確率モデルが持つ部分的な共役性に基いて事後分布に制約を与え，その制約の範囲でベイズ事後分布を近似する手法です．本章では，ベイズ学習とその近似法を最小化問題として定式化する枠組みを紹介したのち，部分的な共役性からどのように必要な制約を決定してアルゴリズムを導出するかについて，3 章で紹介した具体的な確率モデルを用いて説明します．

6.1 変分ベイズ学習の枠組み

まずはじめに，ベイズ学習を**汎関数 (functional)** の最小化問題として定式化します[*1]．$r(\boldsymbol{\omega})$（または r と略す）をパラメータ $\boldsymbol{\omega}$ の空間の任意の確率分布とし，次式で定義される r の汎関数 $F(r)$ を**自由エネルギー (free energy)**（あるいは**変分自由エネルギー (variational free energy)**）と呼びます．

$$F(r) = \left\langle \log \frac{r(\boldsymbol{\omega})}{p(\mathcal{D}|\boldsymbol{\omega})p(\boldsymbol{\omega})} \right\rangle_{r(\boldsymbol{\omega})} \tag{6.1}$$

*1　汎関数とは，関数を変数として持つ関数です．

$$
\begin{aligned}
&= \left\langle \log \frac{r(\boldsymbol{\omega})}{p(\boldsymbol{\omega}|\mathcal{D})} \right\rangle_{r(\boldsymbol{\omega})} - \log p(\mathcal{D}) \\
&= \mathrm{KL}\left(r(\boldsymbol{\omega}) || p(\boldsymbol{\omega}|\mathcal{D})\right) + F^* \qquad (6.2)
\end{aligned}
$$

ここで,

$$
\mathrm{KL}\left(p_1(\boldsymbol{\omega}) || p_2(\boldsymbol{\omega})\right) = \left\langle \log \frac{p_1(\boldsymbol{\omega})}{p_2(\boldsymbol{\omega})} \right\rangle_{p_1(\boldsymbol{\omega})} = \int p_1(\boldsymbol{\omega}) \log \frac{p_1(\boldsymbol{\omega})}{p_2(\boldsymbol{\omega})} d\boldsymbol{\omega} \qquad (6.3)
$$

は確率分布 $p_1(\boldsymbol{\omega})$ から確率分布 $p_2(\boldsymbol{\omega})$ への**カルバック・ライブラー・ダイバージェンス (Kullback-Leibler divergence)** であり, $F^* \equiv -\log p(\mathcal{D})$ はベイズ自由エネルギー (5.16) です.

ベイズ自由エネルギー F^* は r に依存しないので, 自由エネルギー (6.2) を最小化することは, $r(\boldsymbol{\omega})$ と事後分布 $p(\boldsymbol{\omega}|\mathcal{D})$ とのカルバック・ライブラー・ダイバージェンスを最小化する, すなわち事後分布に最も近い分布をみつけることに相当します [*2]. したがって, 制約なし最小化問題

$$
\widehat{r} = \operatorname*{argmin}_{r} F(r) \qquad (6.4)
$$

を解くことによって得られる解はベイズ事後分布に一致します.

$$
\widehat{r} = p(\boldsymbol{\omega}|\mathcal{D})
$$

ベイズ学習を最小化問題 (6.4) として定式化したからといって, 問題が簡単になったわけではありません. 目的関数である自由エネルギー (6.1) において, モデル尤度 $p(\mathcal{D}|\boldsymbol{\omega})$ と事前分布 $p(\boldsymbol{\omega})$ は与えられていますが, 期待値計算 $\langle \cdot \rangle_{r(\boldsymbol{\omega})}$ を解析的に実行できるような r は限られています. すなわち最小化問題 (6.4) は, r が特別な関数形を持つ領域を除いて, その目的関数を評価することすら困難なのです.

変分ベイズ学習では, 目的関数の期待値計算を可能にするために付加される**制約付き最小化問題**

$$
\widehat{r} = \operatorname*{argmin}_{r} F(r) \quad \text{s.t.} \quad r \in \mathcal{G} \qquad (6.5)
$$

---

*2 カルバック・ライブラー・ダイバージェンスは非負なので, 式 (6.2) から自由エネルギーがベイズ自由エネルギーの**上界**であることがわかります $F(r) \geq F^*$. したがって, 自由エネルギーの符号反転 $-F(r)$ は**証拠の下界 (evidence lower bound (ELBO))** とも呼ばれます.

を解きます．ここで，s.t. は subject to の略であり，制約条件 $r \in \mathcal{G}$ が満たされる中で最小化問題を解くことを意味します．

$\mathcal{G}$ として特定の（例えばガウス分布などの）分布形を選べば，すべての $r \in \mathcal{G}$ に対して自由エネルギー評価のための期待値計算が可能になる場合があります．しかしこの方法では，期待値計算が可能な関数形の中で，どの関数形を選択すれば最も精度よく事後分布を近似できるかについて考える必要があります．

変分ベイズ学習では，最適な関数形がモデル尤度の**部分的な共役性**に基いて自動的に選択されるように，なるべく弱い制約，すなわち広い探索域 $\mathcal{G}$ を設定します．

6.2 条件付き共役性

まずはじめに，行列分解モデル，混合ガウス分布モデルおよび潜在的ディリクレ配分モデルが，（期待値計算可能な）共役事前分布を持たないことを確認しておきます．

行列分解モデルのモデル尤度は以下で与えられます．

$$p(\boldsymbol{V}|\boldsymbol{A},\boldsymbol{B}) = \frac{\exp\left(-\frac{1}{2\sigma^2}\left\|\boldsymbol{V}-\boldsymbol{B}\boldsymbol{A}^\top\right\|_{\mathrm{Fro}}^2\right)}{(2\pi\sigma^2)^{LM/2}} \tag{6.6}$$

ここで，ベイズ学習すべき未知パラメータは赤あるいは青に色付けされています．σ^2 を未知パラメータとしてベイズ学習してもよいのですが，ここでは簡単のため，行列分解モデルとして機能するために最低限学習すべきパラメータである $\boldsymbol{A}$ および $\boldsymbol{B}$ に注目します．

共役性について考えるために，式 (6.6) をパラメータ $\boldsymbol{\omega} = (\boldsymbol{A},\boldsymbol{B})$ の関数としてみてみましょう．この関数は指数関数の中に **4 次の項** $\left\|\boldsymbol{B}\boldsymbol{A}^\top\right\|_{\mathrm{Fro}}^2 = \mathrm{tr}(\boldsymbol{B}\boldsymbol{A}^\top\boldsymbol{A}\boldsymbol{B}^\top)$ を持つので，指数関数の中に 2 次の項しか持たないガウス型関数とはあきらかに異なります．一般に，指数関数の中に 4 次の項を持つ関数の積分を解析的に行うことはできません．したがって，パラメータ $\boldsymbol{\omega} = (\boldsymbol{A},\boldsymbol{B})$ に関する共役事前分布はありません [*3]．

*3 事前分布の関数形を，指数関数の中に 4 次の項を持つ分布と定義すれば，事後分布を同じ関数形にすることができますが，そのような関数形を持つ確率分布の期待値計算はできませんので共役事前分布とは考えません（メモ 4.1 参照）．

次に，混合ガウス分布のモデル（完全）尤度について考えます．

$$p(\mathcal{D}, \{\boldsymbol{z}^{(n)}\}_{n=1}^{N} | \boldsymbol{\alpha}, \{\boldsymbol{\mu}_k\}_{k=1}^{K}) = \prod_{n=1}^{N}\prod_{k=1}^{K}\left\{\alpha_k \frac{\exp\left(-\frac{\|\boldsymbol{x}^{(n)}-\boldsymbol{\mu}_k\|^2}{2\sigma^2}\right)}{(2\pi\sigma^2)^{M/2}}\right\}^{z_k^{(n)}} \tag{6.7}$$

ここでは簡単のため，各ガウス分布の共分散がすべて $\boldsymbol{\Sigma}_k = \sigma^2\boldsymbol{I}_M$ であり，σ^2 はベイズ学習しないことにします．モデル尤度の計算を可能にするために導入した潜在変数 $\mathcal{H} = \{\boldsymbol{z}^{(n)}\}_{n=1}^{N}$ は，未知モデルパラメータ $\boldsymbol{\omega} = (\boldsymbol{\alpha}, \{\boldsymbol{\mu}_k\}_{k=1}^{K})$ とともにデータから推定する必要があるため，共役性を考える際にはモデル尤度 (6.7) を $(\{\boldsymbol{z}^{(n)}\}_{n=1}^{N}, \boldsymbol{\alpha}, \{\boldsymbol{\mu}_k\}_{k=1}^{K})$ の関数としてみる必要があります．

関数 (6.7) は $\prod_{n=1}^{N}\prod_{k=1}^{K}\alpha_k{}^{z_k^{(n)}}$ のような成分を持ちますが，N が大きい一般の場合に $\int\sum_{z_k^{(n)}\in\{\boldsymbol{e}_k\}_{k=1}^{K}}\prod_{n=1}^{N}\prod_{k=1}^{K}\alpha_k{}^{z_k^{(n)}}d\alpha_k$ のような計算を解析的に実行することは困難です．

潜在的ディリクレ配分モデルでも同様の問題があることが，以下のモデル尤度からわかります．

$$p(\mathcal{D}, \{\{\boldsymbol{z}^{(n,m)}\}_{n=1}^{N^{(m)}}\}_{m=1}^{M} | \boldsymbol{\Theta}, \boldsymbol{B}) = \prod_{m=1}^{M}\prod_{n=1}^{N^{(m)}}\prod_{h=1}^{H}\left\{\Theta_{m,h}\prod_{l=1}^{L}B_{l,h}{}^{w_l^{(n,m)}}\right\}^{z_h^{(n,m)}} \tag{6.8}$$

以上の考察により，モデル尤度 (6.6)～(6.8) が**未知パラメータ全体**に対する共役事前分布を持たないことがわかりました．しかし，これらのモデル尤度は**部分的な共役性**を持ちます．

式 (6.6)～(6.8) における赤と青の色分けがこれに対応しています．行列分解モデルのモデル尤度 (6.6) を，$\boldsymbol{A}$ のみの関数としてみてみましょう．このとき，$\boldsymbol{B}$ は定数であると考えます．すると，式 (6.6) は指数関数の中に $\boldsymbol{A}$ の 2 次関数を持つ，ガウス型関数であることがわかります．逆に $\boldsymbol{A}$ を定数と考えて，モデル尤度 (6.6) を $\boldsymbol{B}$ のみの関数としてみても，同様のことがいえます．したがって青あるいは赤のパラメータのいずれか一方を定数と考えると，行列分解モデルはそれぞれのパラメータについて，ガウス分布を共役事前分布として持つことがわかります.

混合ガウス分布モデル (6.7) についても同様のことがいえます. まず, 未知パラメータ $(\boldsymbol{\alpha}, \{\boldsymbol{\mu}_k\}_{k=1}^K)$ を定数と考えると, モデル尤度 (6.7) は潜在変数 $\{\boldsymbol{z}^{(n)}\}_{n=1}^N$ に関して多項分布型関数であることがわかります. 一方, 潜在変数 $\{\boldsymbol{z}^{(n)}\}_{n=1}^N$ を定数と考えると, モデル尤度 (6.7) は $\boldsymbol{\alpha}$ に関するディリクレ型関数と $\{\boldsymbol{\mu}_k\}_{k=1}^K$ に関するガウス型関数との (独立な) 積であることがわかります. したがって青あるいは赤の未知変数のいずれか一方を定数と考えると, 混合ガウス分布モデルのモデル (完全) 尤度は, $\boldsymbol{\alpha}$ 上のディリクレ分布と $\{\boldsymbol{\mu}_k\}_{k=1}^K$ 上のガウス分布との積を共役事前分布として持ちます *4.

同様の考察から, 潜在的ディリクレ配分モデル (6.8) に関しても, 青あるいは赤の未知変数のいずれか一方を定数と考えると, $\boldsymbol{\Theta}$ の行ベクトル $\{\tilde{\theta}_m\}_{m=1}^M$ 上のディリクレ分布と $\boldsymbol{B}$ の列ベクトル $\{\beta_h\}_{h=1}^H$ 上のディリクレ分布との積を共役事前分布として持つことがわかります.

これまでに議論した**部分的な共役性**を, **条件付き共役性 (conditional conjugacy)** という言葉で明確に定義しておきます.

定義 6.1 (条件付き共役事前分布)

未知パラメータ (あるいは広く未知変数) $\boldsymbol{\omega} = (\boldsymbol{\omega}_1, \boldsymbol{\omega}_2)$ を 2 つに分割し, $\boldsymbol{\omega}_2$ を定数と考えます. $\boldsymbol{\omega}_1$ 上の事前分布 $p(\boldsymbol{\omega}_1)$ と事後分布

$$p(\boldsymbol{\omega}_1|\boldsymbol{\omega}_2, \mathcal{D}) \propto p(\mathcal{D}|\boldsymbol{\omega}_1, \boldsymbol{\omega}_2)p(\boldsymbol{\omega}_1) \tag{6.9}$$

とが同じ関数形になるとき, この事前分布 $p(\boldsymbol{\omega}_1)$ をモデル尤度 $p(\mathcal{D}|\boldsymbol{\omega})$ のパラメータ $\boldsymbol{\omega}_1$ に関する ($\boldsymbol{\omega}_2$ が与えられたもとでの) **条件付き共役事前分布 (conditionally conjugate prior)** と呼ぶ.

なお, 条件付き共役性は変分ベイズ学習以外の近似法にも用いられます (**メモ 6.1** 参照).

*4 潜在変数は式 (3.26) に従って生成されるため, 事前分布を設定する必要はありません. モデル尤度が潜在変数 $\{\boldsymbol{z}^{(n)}\}_{n=1}^N$ に関して, 解析的に期待値計算が可能な関数形であることのみが重要です.

条件付き共役性は，変分ベイズ学習以外の近似学習法においても重要な役割を果たします．例えばマルコフ連鎖モンテカルロ法の 1 つである**ギブスサンプリング (Gibbs sampling)** 法では，他のパラメータ $\boldsymbol{\omega}_2$ が与えられたもとで $\boldsymbol{\omega}_1$ の事後分布 (6.9) が（サンプル生成が容易な）よく知られる分布になることを利用して，各パラメータを順にサンプルしてマルコフ連鎖を生成します．

また，**周辺化ギブスサンプリング法 (collapsed Gibbs sampling)**，**周辺化変分ベイズ学習 (collapsed variational Bayesian learning)**[4] や**部分ベイズ学習 (partially Bayesian learning)**[7] では，パラメータの一部を条件付き共役性に基いて周辺化した後，残りのパラメータに関してそれぞれギブズサンプリング法，変分ベイズ学習あるいは事後確率最大化推定法を適用します．

メモ 6.1 条件付き共役性のその他の利用方法

6.3 設計指針

では，6.2 節で紹介した条件付き共役性に基づいて，変分ベイズ学習を設計してみましょう．

ベイズ学習する未知パラメータ $\boldsymbol{\omega}$ を S 個のグループ $\boldsymbol{\omega} = (\boldsymbol{\omega}_1, \ldots, \boldsymbol{\omega}_S)$ に分割します．このときすべての $s = 1, \ldots, S$ に対して，モデル尤度が $\boldsymbol{\omega}_s$ に関する（$\{\boldsymbol{\omega}_{s'}\}_{s' \neq s}$ が定数として与えられたもとで）条件付き共役事前分布 $p(\boldsymbol{\omega}_s)$ を持つようにします．

この分割のもとで事前分布

$$p(\boldsymbol{\omega}) = \prod_{s=1}^{S} p(\boldsymbol{\omega}_s)$$

を用いると，事後分布

$$p(\boldsymbol{\omega}|\mathcal{D}) \propto p(\mathcal{D}|\boldsymbol{\omega})p(\boldsymbol{\omega})$$

は $\boldsymbol{\omega}_s$ の関数として事前分布 $p(\boldsymbol{\omega}_s)$ と同形になり，$\{\boldsymbol{\omega}_{s'}\}_{s' \neq s}$ が与えられたもとで期待値計算が可能となります．

$\boldsymbol{\omega}_s$ に関する期待値計算を $\{\boldsymbol{\omega}_{s'}\}_{s' \neq s}$ と独立に実行できるようにするために，事後分布に以下の独立性を制約条件として課します．

$$r(\boldsymbol{\omega}) = \prod_{s=1}^{S} r_s(\boldsymbol{\omega}_s) \tag{6.10}$$

こうすることによって，自由エネルギー (6.1) の中の期待値計算を実行可能にし，最小化問題 (6.5) を解きます．すなわち，**変分ベイズ事後分布 (variational Bayesian posterior)** は

$$\widehat{r} = \underset{r}{\mathrm{argmin}}\, F(r) \quad \text{s.t.} \quad r(\boldsymbol{\omega}) = \prod_{s=1}^{S} r_s(\boldsymbol{\omega}_s) \tag{6.11}$$

によって定義されます．

我々は前節において，すでに適切なパラメータ（未知変数）の分割をみつけていますが，制約条件 (6.10) を満たすすべての r に関して自由エネルギー $F(r) = \left\langle \log \frac{r(\boldsymbol{\omega})}{p(\mathcal{D}|\boldsymbol{\omega})p(\boldsymbol{\omega})} \right\rangle_{r(\boldsymbol{\omega})}$ の期待値計算が解析的に実行できるわけではないことはあきらかです．しかしこの制約は，事後分布の各因子 $\{r_s\}_{s=1}^{S}$ を別々に最適化することを可能にします．各因子を最適化するために，次節で説明する変分法を用います．変分法を用いて各因子を最適化すると，自由エネルギーを有限次元の未知変数（変分パラメータ）の関数として陽に書き表すことができます．

6.4 変分法

変分法 (calculus of variations) とは，汎関数の極値条件から解である関数が満たすべき条件を求める方法です．変数関数 r の微小変化に対する（滑らかな）目的汎関数 $F(r)$ の変化量を変分と呼びます．r が極小解であるためには，すべての $\boldsymbol{\omega}$ のとりうる値に対して変分が 0 であることが必要です．

変分法は，目的汎関数 $F(r)$ が変数関数 $r(\boldsymbol{\omega})$ の微分（例えば $dr/d\omega_1$ など）を含む場合にも用いることができますが，自由エネルギー (6.1) はそのような項を持ちません．したがって，変分 δI は r に関する単なる微分によって計算されます．

$$\delta I = \frac{\partial F}{\partial r} = 0, \qquad \forall \boldsymbol{\omega} \in \mathcal{W} \tag{6.12}$$

ただし，この条件はパラメータの定義域 $\mathcal{W}$ 内のすべての点 $\boldsymbol{\omega} \in \mathcal{W}$ において成立する必要があります．変分 $\delta I = \delta I(\boldsymbol{\omega})$ は，変数関数 $r(\boldsymbol{\omega})$ を $\mathcal{W}$ 内のすべての点をインデックスとして持つ（すべての点における値を独立な成分と考えた）無限次元のベクトルと考えたときの，勾配に相当します．したがっ

て，式 (6.12) は無限次元空間内の**停留条件 (stationary condition)** として解釈することができます．

次節において，変分法を自由エネルギー最小化問題 (6.11) に実際に適用します．そこでは条件付き共役性の帰結として，各因子 $\{r_s\}_{s=1}^S$ の最適解が事前分布と同じ期待値計算可能な関数形を持つことが示されます．さらに，事後分布を記述するパラメータ（変分パラメータ）に関する最適条件も同時に得られます．

6.5　変分ベイズ学習アルゴリズム

最小化問題 (6.11) を解くために，自由エネルギー (6.1) に $r(\boldsymbol{\omega}) = \prod_{s=1}^S r_s(\boldsymbol{\omega}_s)$ および $p(\boldsymbol{\omega}) = \prod_{s=1}^S p(\boldsymbol{\omega}_s)$ を代入して変分法を適用してみましょう．

$$F(r) = \int \left(\prod_{s=1}^S r_s(\boldsymbol{\omega}_s) \right) \left(\log \frac{\prod_{s=1}^S r_s(\boldsymbol{\omega}_s)}{p(\mathcal{D}|\boldsymbol{\omega}) \prod_{s=1}^S p(\boldsymbol{\omega}_s)} \right) d\boldsymbol{\omega} \tag{6.13}$$

$\prod_{s=1}^S r_s(\boldsymbol{\omega}_s) = r_s(\boldsymbol{\omega}_s) \prod_{s' \neq s} r_{s'}(\boldsymbol{\omega}_{s'})$ と分解することにより，各因子 $r_s(\boldsymbol{\omega}_s)$ に対する自由エネルギーの変分を計算します．

$$\begin{aligned}
0 = \frac{\partial F}{\partial r_s} &= \int \left(\prod_{s' \neq s} r_{s'}(\boldsymbol{\omega}_{s'}) \right) \left(\log \frac{\prod_{s'=1}^S r_{s'}(\boldsymbol{\omega}_{s'})}{p(\mathcal{D}|\boldsymbol{\omega}) \prod_{s'=1}^S p(\boldsymbol{\omega}_{s'})} + 1 \right) d\boldsymbol{\omega} \\
&= \left\langle \log \frac{\prod_{s'=1}^S r_{s'}(\boldsymbol{\omega}_{s'})}{p(\mathcal{D}|\boldsymbol{\omega}) \prod_{s'=1}^S p(\boldsymbol{\omega}_{s'})} \right\rangle_{\prod_{s' \neq s} r_{s'}(\boldsymbol{\omega}_{s'})} + 1 \\
&= \left\langle \log \frac{\prod_{s' \neq s} r_{s'}(\boldsymbol{\omega}_{s'})}{p(\mathcal{D}|\boldsymbol{\omega}) \prod_{s' \neq s} p(\boldsymbol{\omega}_{s'})} \right\rangle_{\prod_{s' \neq s} r_{s'}(\boldsymbol{\omega}_{s'})} + \log \frac{r_s(\boldsymbol{\omega}_s)}{p(\boldsymbol{\omega}_s)} + 1 \\
&= \left\langle \log \frac{1}{p(\mathcal{D}|\boldsymbol{\omega})} \right\rangle_{\prod_{s' \neq s} r_{s'}(\boldsymbol{\omega}_{s'})} + \log \frac{r_s(\boldsymbol{\omega}_s)}{p(\boldsymbol{\omega}_s)} + \text{const.}
\end{aligned} \tag{6.14}$$

この条件が，すべての $s = 1, \ldots, S$ および $\boldsymbol{\omega}_s \in \mathcal{W}_s$（$\mathcal{W}_s$ は $\boldsymbol{\omega}_s$ の定義域）について成り立つことが，$r(\boldsymbol{\omega}) = \prod_{s=1}^S r_s(\boldsymbol{\omega}_s)$ が最小化問題 (6.11) の解，すなわち変分ベイズ事後分布であるための必要条件です．

この必要条件に関して重要なポイントを挙げます．

- 式 (6.14) の右辺は $\boldsymbol{\omega}_s$ の関数です（$\{\boldsymbol{\omega}_{s'}\}_{s' \neq s}$ は積分消去されます）.
- 各因子 s に対して，式 (6.14) はすべての $\boldsymbol{\omega}_s \in \mathcal{W}_s$ に関して成り立つことを要求しており，この条件は変分ベイズ事後分布 $\hat{r}_s(\boldsymbol{\omega}_s)$ の関数形を決定するのに十分です.
- 式 (6.14) がすべての $\boldsymbol{\omega}_s$ に対して成り立つためには，

$$\left\langle \log \frac{1}{p(\mathcal{D}|\boldsymbol{\omega})} \right\rangle_{\prod_{s' \neq s} r_{s'}(\boldsymbol{\omega}_{s'})} + \log \frac{r_s(\boldsymbol{\omega}_s)}{p(\boldsymbol{\omega}_s)}$$

が $\boldsymbol{\omega}_s$ に関して定数である必要があります.

最後のポイントから，

$$r_s(\boldsymbol{\omega}_s) \propto p(\boldsymbol{\omega}_s) \exp \langle \log p(\mathcal{D}|\boldsymbol{\omega}) \rangle_{\prod_{s' \neq s} r_{s'}(\boldsymbol{\omega}_{s'})} \tag{6.15}$$

が得られ，これが停留条件となります．これ以後の計算はモデル尤度ごとに異なりますが，多くの確率モデルにおいて式 (6.15) から $r_s(\boldsymbol{\omega}_s)$ の関数形を決定し，$\{r_{s'}\}_{s' \neq s}$ に関する期待値計算を解析的に実行することができます．その結果，変分ベイズ学習のための**局所探索 (local search)** アルゴリズムが得られます.

6.7〜6.10 節において，行列分解モデル，欠損値のある行列分解モデル，混合ガウス分布モデル，潜在的ディリクレ配分モデルの場合について，具体的に変分ベイズ学習アルゴリズムを導出します.

ベイズ学習の場合と同様に，変分ベイズ事後分布の平均値

$$\widehat{\boldsymbol{\omega}} = \langle \boldsymbol{\omega} \rangle_{\widehat{r}(\boldsymbol{\omega})} \tag{6.16}$$

は**変分ベイズ推定量 (variational Bayesian estimator)** と呼ばれます．変分ベイズ事後分布は基本的な関数形になるので，事後平均および事後分散の計算は容易です.

予測分布の計算

$$p(\mathcal{D}^{\mathrm{new}}|\widehat{r}) = \langle p(\mathcal{D}^{\mathrm{new}}|\boldsymbol{\omega}) \rangle_{\widehat{r}(\boldsymbol{\omega})}$$

は困難な場合があります．そもそもモデル尤度 $p(\mathcal{D}^{\mathrm{new}}|\boldsymbol{\omega})$ の形が複雑であるために近似が必要だったのですが，予測分布の計算には再び複雑なモデル

尤度に関する積分が要求されるためです．そのような場合には，モデル分布に変分ベイズ推定量を代入したもの $p(\mathcal{D}^{\mathrm{new}}|\widehat{\omega})$ が予測分布 $p(\mathcal{D}^{\mathrm{new}}|\widehat{r})$ の代用として用いられます．

6.6 経験変分ベイズ学習アルゴリズム

周辺尤度 $p(\mathcal{D})$ の計算は困難なので，その代用として自由エネルギー $F(r)$ が用いられます．すなわち，変分ベイズ学習の枠組みでは，ベイズ自由エネルギー $-\log p(\mathcal{D})$ の上限である自由エネルギーを最小化することによって，モデル選択あるいは超パラメータ推定を行います．

事前分布やモデル尤度が超パラメータ $\boldsymbol{\kappa}$ を持つとき，自由エネルギーは，

$$F(r,\boldsymbol{\kappa}) = \left\langle \log \frac{r(\boldsymbol{\omega})}{p(\mathcal{D}|\boldsymbol{\omega},\boldsymbol{\kappa})p(\boldsymbol{\omega}|\boldsymbol{\kappa})} \right\rangle_{r(\boldsymbol{\omega})} \tag{6.17}$$

$$= \left\langle \log \frac{r(\boldsymbol{\omega})}{p(\boldsymbol{\omega}|\mathcal{D},\boldsymbol{\kappa})} \right\rangle_{r(\boldsymbol{\omega})} - \log p(\mathcal{D}|\boldsymbol{\kappa})$$

$$= \mathrm{KL}\left(r(\boldsymbol{\omega})||p(\boldsymbol{\omega}|\mathcal{D},\boldsymbol{\kappa})\right) + F^*(\boldsymbol{\kappa}) \tag{6.18}$$

のように，近似事後分布（ベイズ事後分布を近似する分布）r と超パラメータ $\boldsymbol{\kappa}$ の関数になります．

自由エネルギーを，近似事後分布 r と超パラメータ $\boldsymbol{\kappa}$ の両方に関して最小化すれば，ベイズ事後分布への近似誤差を小さくしながら周辺尤度を最大化するような超パラメータを選択することができます．

$$(\widehat{r},\widehat{\boldsymbol{\kappa}}) = \underset{r,\boldsymbol{\kappa}}{\mathrm{argmin}}\, F(r,\boldsymbol{\kappa})$$

この学習方法は，**経験変分ベイズ学習 (empirical variational Bayesian learning)** と呼ばれます．

6.7 行列分解モデルの場合

では，3.5 節で紹介した行列分解モデルにおいて，変分ベイズ学習および経験変分ベイズ学習のアルゴリズムを導出してみましょう．モデル尤度と事前分布は以下で与えられます．

$$p(\boldsymbol{V}|\boldsymbol{A},\boldsymbol{B},\sigma^2) = \frac{\exp\left(-\frac{1}{2\sigma^2}\|\boldsymbol{V}-\boldsymbol{B}\boldsymbol{A}^\top\|^2_{\mathrm{Fro}}\right)}{(2\pi\sigma^2)^{LM/2}} \tag{6.19}$$

$$p(\boldsymbol{A}|\boldsymbol{C}_A) = \frac{\exp\left(-\frac{1}{2}\mathrm{tr}\left(\boldsymbol{A}\boldsymbol{C}_A^{-1}\boldsymbol{A}^\top\right)\right)}{(2\pi)^{MH/2}|\boldsymbol{C}_A|^{M/2}} \tag{6.20}$$

$$p(\boldsymbol{B}|\boldsymbol{C}_B) = \frac{\exp\left(-\frac{1}{2}\mathrm{tr}\left(\boldsymbol{B}\boldsymbol{C}_B^{-1}\boldsymbol{B}^\top\right)\right)}{(2\pi)^{LH/2}|\boldsymbol{C}_B|^{L/2}} \tag{6.21}$$

ここで，$\boldsymbol{V} \in \mathbb{R}^{L\times M}$ は観測行列，$\boldsymbol{A} \in \mathbb{R}^{M\times H}$ および $\boldsymbol{B} \in \mathbb{R}^{L\times H}$（ただし $H \leq \min(L, M)$）は未知パラメータであり，変分ベイズ学習によってその事後分布を近似推定（ベイズ事後分布の近似を推定）します．事前分布は未知の対角共分散行列

$$\boldsymbol{C}_A = \mathbf{diag}(c^2_{a_1}, \ldots, c^2_{a_H}),$$
$$\boldsymbol{C}_B = \mathbf{diag}(c^2_{b_1}, \ldots, c^2_{b_H})$$

を超パラメータとして持ちます．

観測ノイズパラメータ σ^2 は，学習方法がその推定精度に大きな影響を与えないため超パラメータとして扱い，経験変分ベイズ学習によって推定します *5．

6.7.1 変分ベイズ学習アルゴリズムの導出

事後分布に $\boldsymbol{A}, \boldsymbol{B}$ 間の独立性を制約条件として課して自由エネルギーを最小化します．

$$\widehat{r} = \underset{r}{\mathrm{argmin}}\, F(r) \quad \mathrm{s.t.} \quad r(\boldsymbol{A},\boldsymbol{B}) = r_A(\boldsymbol{A})r_B(\boldsymbol{B}) \tag{6.22}$$

この独立性制約のもとで，自由エネルギーは以下のように書けます．

$$F(r) = \left\langle \log \frac{r_A(\boldsymbol{A})r_B(\boldsymbol{B})}{p(\boldsymbol{V}|\boldsymbol{A},\boldsymbol{B},\sigma^2)p(\boldsymbol{A}|\boldsymbol{C}_A)p(\boldsymbol{B}|\boldsymbol{C}_B)} \right\rangle_{r_A(\boldsymbol{A})r_B(\boldsymbol{B})}$$

*5 $\boldsymbol{A}, \boldsymbol{B}$ が与えられたもとでの条件付き共役事前分布である σ^{-2} 上のガンマ事前分布を用いたうえで制約 $r(\boldsymbol{A},\boldsymbol{B},\sigma^2) = r_A(\boldsymbol{A})r_B(\boldsymbol{B})r(\sigma^2)$ を導入すれば，観測ノイズパラメータ σ^2 を含む変分ベイズ学習アルゴリズムも同様の手順で導出できます．

$$= \int r_A(\boldsymbol{A}) r_B(\boldsymbol{B}) \log \frac{r_A(\boldsymbol{A}) r_B(\boldsymbol{B})}{p(\boldsymbol{V}|\boldsymbol{A},\boldsymbol{B},\sigma^2) p(\boldsymbol{A}|\boldsymbol{C}_A) p(\boldsymbol{B}|\boldsymbol{C}_B)} d\boldsymbol{A} d\boldsymbol{B} \tag{6.23}$$

$r_A(\boldsymbol{A})$ および $r_B(\boldsymbol{B})$ それぞれに関する変分法を適用すると，停留条件 (6.15) に相当する式として，以下が得られます．

$$r_A(\boldsymbol{A}) \propto p(\boldsymbol{A}|\boldsymbol{C}_A) \exp \left\langle \log p(\boldsymbol{V}|\boldsymbol{A},\boldsymbol{B},\sigma^2) \right\rangle_{r_B(\boldsymbol{B})} \tag{6.24}$$

$$r_B(\boldsymbol{B}) \propto p(\boldsymbol{B}|\boldsymbol{C}_B) \exp \left\langle \log p(\boldsymbol{V}|\boldsymbol{A},\boldsymbol{B},\sigma^2) \right\rangle_{r_A(\boldsymbol{A})} \tag{6.25}$$

モデル尤度 (6.19) と $\boldsymbol{A}$ の事前分布 (6.20) を式 (6.24) に代入して，$\boldsymbol{A}$ 依存性のみに注目すると，

$$\begin{aligned}
r_A(\boldsymbol{A}) &\propto \frac{\exp\left(-\frac{1}{2}\mathrm{tr}\left(\boldsymbol{A}\boldsymbol{C}_A^{-1}\boldsymbol{A}^\top\right)\right)}{(2\pi)^{MH/2}|\boldsymbol{C}_A|^{M/2}} \cdot \exp \left\langle \log \left(\frac{\exp\left(-\frac{1}{2\sigma^2}\|\boldsymbol{V}-\boldsymbol{B}\boldsymbol{A}^\top\|_{\mathrm{Fro}}^2\right)}{(2\pi\sigma^2)^{LM/2}} \right) \right\rangle_{r_B(\boldsymbol{B})} \\
&\propto \exp\left(-\frac{1}{2}\mathrm{tr}\left(\boldsymbol{A}\boldsymbol{C}_A^{-1}\boldsymbol{A}^\top\right) - \frac{1}{2\sigma^2} \left\langle \|\boldsymbol{V}-\boldsymbol{B}\boldsymbol{A}^\top\|_{\mathrm{Fro}}^2 \right\rangle_{r_B(\boldsymbol{B})} \right) \\
&\propto \exp\left(-\frac{1}{2}\mathrm{tr}\left(\boldsymbol{A}\boldsymbol{C}_A^{-1}\boldsymbol{A}^\top + \frac{1}{\sigma^2} \left\langle -2\boldsymbol{V}^\top\boldsymbol{B}\boldsymbol{A}^\top + \boldsymbol{A}\boldsymbol{B}^\top\boldsymbol{B}\boldsymbol{A}^\top \right\rangle_{r_B(\boldsymbol{B})} \right) \right) \\
&\propto \exp\left(-\frac{1}{2}\mathrm{tr}\left(\boldsymbol{A}\left(\frac{\langle \boldsymbol{B}^\top\boldsymbol{B}\rangle_{r_B(\boldsymbol{B})}}{\sigma^2} + \boldsymbol{C}_A^{-1} \right)\boldsymbol{A}^\top - \frac{2\boldsymbol{V}^\top\langle\boldsymbol{B}\rangle_{r_B(\boldsymbol{B})}\boldsymbol{A}^\top}{\sigma^2} \right) \right) \\
&\propto \exp\left(-\frac{\mathrm{tr}\left((\boldsymbol{A}-\widehat{\boldsymbol{A}})\widehat{\boldsymbol{\Sigma}}_A^{-1}(\boldsymbol{A}-\widehat{\boldsymbol{A}})^\top \right)}{2} \right)
\end{aligned} \tag{6.26}$$

が得られます．ただし，

$$\widehat{\boldsymbol{A}} = \sigma^{-2}\boldsymbol{V}^\top \langle\boldsymbol{B}\rangle_{r_B(\boldsymbol{B})} \widehat{\boldsymbol{\Sigma}}_A \tag{6.27}$$

$$\widehat{\boldsymbol{\Sigma}}_A = \sigma^2 \left(\left\langle \boldsymbol{B}^\top\boldsymbol{B} \right\rangle_{r_B(\boldsymbol{B})} + \sigma^2\boldsymbol{C}_A^{-1} \right)^{-1} \tag{6.28}$$

です．

式 (6.26) より，$r_A(\boldsymbol{A})$ は平均 $\widehat{\boldsymbol{A}} = (\widehat{\widetilde{\boldsymbol{a}}}_1, \ldots, \widehat{\widetilde{\boldsymbol{a}}}_M)^\top$ および共分散 $\widehat{\boldsymbol{\Sigma}}_A$ がそれぞれ式 (6.27) および式 (6.28) を満たすガウス分布

$$r_A(\boldsymbol{A}) = \prod_{m=1}^{M} \mathrm{Norm}_H(\widetilde{\boldsymbol{a}}_m; \widehat{\widetilde{\boldsymbol{a}}}_m, \widehat{\boldsymbol{\Sigma}}_A)$$

$$= \frac{\exp\left(-\frac{\mathrm{tr}\left((\boldsymbol{A}-\widehat{\boldsymbol{A}})\widehat{\boldsymbol{\Sigma}}_A^{-1}(\boldsymbol{A}-\widehat{\boldsymbol{A}})^\top\right)}{2}\right)}{(2\pi)^{MH/2}|\widehat{\boldsymbol{\Sigma}}_A|^{M/2}} \tag{6.29}$$

であることがわかりました．

同様に，モデル尤度 (6.19) と $\boldsymbol{B}$ の事前分布 (6.21) を式 (6.25) に代入して $\boldsymbol{B}$ 依存性のみに注目すると，

$$\begin{aligned} r_B(\boldsymbol{B}) &\propto \exp\left(-\frac{1}{2}\mathrm{tr}\left(\boldsymbol{B}\boldsymbol{C}_B^{-1}\boldsymbol{B}^\top\right) - \frac{1}{2\sigma^2}\left\langle\|\boldsymbol{V}-\boldsymbol{B}\boldsymbol{A}^\top\|_{\mathrm{Fro}}^2\right\rangle_{r_A(\boldsymbol{A})}\right) \\ &\propto \exp\left(-\frac{1}{2}\mathrm{tr}\left(\boldsymbol{B}\boldsymbol{C}_B^{-1}\boldsymbol{B}^\top + \frac{1}{\sigma^2}\left\langle-2\boldsymbol{V}\boldsymbol{A}\boldsymbol{B}^\top + \boldsymbol{B}\boldsymbol{A}^\top\boldsymbol{A}\boldsymbol{B}^\top\right\rangle_{r_A(\boldsymbol{A})}\right)\right) \\ &\propto \exp\left(-\frac{\mathrm{tr}\left((\boldsymbol{B}-\widehat{\boldsymbol{B}})\widehat{\boldsymbol{\Sigma}}_B^{-1}(\boldsymbol{B}-\widehat{\boldsymbol{B}})^\top\right)}{2}\right) \end{aligned} \tag{6.30}$$

を得ます．ただし，

$$\widehat{\boldsymbol{B}} = \sigma^{-2}\boldsymbol{V}\langle\boldsymbol{A}\rangle_{r_A(\boldsymbol{A})}\widehat{\boldsymbol{\Sigma}}_B \tag{6.31}$$

$$\widehat{\boldsymbol{\Sigma}}_B = \sigma^2\left(\left\langle\boldsymbol{A}^\top\boldsymbol{A}\right\rangle_{r_A(\boldsymbol{A})} + \sigma^2\boldsymbol{C}_B^{-1}\right)^{-1} \tag{6.32}$$

です．したがって，$r_B(\boldsymbol{B})$ は平均 $\widehat{\boldsymbol{B}} = (\widehat{\widetilde{\boldsymbol{b}}}_1, \ldots, \widehat{\widetilde{\boldsymbol{b}}}_L)^\top$ および共分散 $\widehat{\boldsymbol{\Sigma}}_B$ がそれぞれ式 (6.31) および式 (6.32) を満たすガウス分布

$$\begin{aligned} r_B(\boldsymbol{B}) &= \prod_{l=1}^{L}\mathrm{Norm}_H(\widetilde{\boldsymbol{b}}_l; \widehat{\widetilde{\boldsymbol{b}}}_l, \widehat{\boldsymbol{\Sigma}}_B) \\ &= \frac{\exp\left(-\frac{\mathrm{tr}\left((\boldsymbol{B}-\widehat{\boldsymbol{B}})\widehat{\boldsymbol{\Sigma}}_B^{-1}(\boldsymbol{B}-\widehat{\boldsymbol{B}})^\top\right)}{2}\right)}{(2\pi)^{LH/2}|\widehat{\boldsymbol{\Sigma}}_B|^{L/2}} \end{aligned} \tag{6.33}$$

であることがわかりました．

我々が事後分布に課した制約は，$\boldsymbol{A}$ と $\boldsymbol{B}$ の間の独立性 (6.22) のみであったことに注意してください．モデル尤度 (6.19) の**条件付き共役性**のために，変分ベイズ事後分布 (6.29) および (6.33) が，事前分布 (6.20) および (6.21) と同じガウス分布になったのです．

変分ベイズ事後分布の関数形がわかったので，あとは式 (6.27)，式 (6.28)，式 (6.31)，式 (6.32) を用いて，事後分布の平均および分散，すなわち $\widehat{\boldsymbol{A}}$，$\widehat{\boldsymbol{\Sigma}}_A$，$\widehat{\boldsymbol{B}}$，$\widehat{\boldsymbol{\Sigma}}_B$ を求めれば，変分ベイズ事後分布が求まります．変分ベイズ事後分布を規定するこれらのパラメータ $(\widehat{\boldsymbol{A}}, \widehat{\boldsymbol{\Sigma}}_A, \widehat{\boldsymbol{B}}, \widehat{\boldsymbol{\Sigma}}_B)$ は，**変分パラメータ (variational parameter)** と呼ばれます．

式 (6.27)，式 (6.28)，式 (6.31)，式 (6.32) の右辺は，$\boldsymbol{A}$ および $\boldsymbol{B}$ の 1 次および（中心化しない）2 次モーメントを含みます．$r_A(\boldsymbol{A})$ および $r_B(\boldsymbol{B})$ がガウス分布であることがわかっているので，表 5.1 を使って

$$
\begin{aligned}
\langle \boldsymbol{A} \rangle_{r_A(\boldsymbol{A})} &= \widehat{\boldsymbol{A}}, \\
\left\langle \boldsymbol{A}^\top \boldsymbol{A} \right\rangle_{r_A(\boldsymbol{A})} &= \widehat{\boldsymbol{A}}^\top \widehat{\boldsymbol{A}} + M\widehat{\boldsymbol{\Sigma}}_A, \\
\langle \boldsymbol{B} \rangle_{r_B(\boldsymbol{B})} &= \widehat{\boldsymbol{B}}, \\
\left\langle \boldsymbol{B}^\top \boldsymbol{B} \right\rangle_{r_B(\boldsymbol{B})} &= \widehat{\boldsymbol{B}}^\top \widehat{\boldsymbol{B}} + L\widehat{\boldsymbol{\Sigma}}_B
\end{aligned}
$$

を得ます．これらを式 (6.27)，式 (6.28)，式 (6.31)，式 (6.32) に代入すると，

$$\widehat{\boldsymbol{A}} = \sigma^{-2}\boldsymbol{V}^\top \widehat{\boldsymbol{B}}\widehat{\boldsymbol{\Sigma}}_A \tag{6.34}$$

$$\widehat{\boldsymbol{\Sigma}}_A = \sigma^2 \left(\widehat{\boldsymbol{B}}^\top \widehat{\boldsymbol{B}} + L\widehat{\boldsymbol{\Sigma}}_B + \sigma^2 \boldsymbol{C}_A^{-1} \right)^{-1} \tag{6.35}$$

$$\widehat{\boldsymbol{B}} = \sigma^{-2}\boldsymbol{V}\widehat{\boldsymbol{A}}\widehat{\boldsymbol{\Sigma}}_B \tag{6.36}$$

$$\widehat{\boldsymbol{\Sigma}}_B = \sigma^2 \left(\widehat{\boldsymbol{A}}^\top \widehat{\boldsymbol{A}} + M\widehat{\boldsymbol{\Sigma}}_A + \sigma^2 \boldsymbol{C}_B^{-1} \right)^{-1} \tag{6.37}$$

が得られます．

変分パラメータ $\widehat{\boldsymbol{A}}$，$\widehat{\boldsymbol{\Sigma}}_A$，$\widehat{\boldsymbol{B}}$，$\widehat{\boldsymbol{\Sigma}}_B$ に適当な初期値を設定し，式 (6.34)～(6.37) を収束するまで繰り返し適用することによって，変分ベイズ学習の局所解を得ることができます．

6.7.2 変分パラメータの関数としての自由エネルギー

式 (6.29) および式 (6.33) を式 (6.23) に代入することによって，自由エネルギー F を $r_A(\boldsymbol{A})$ および $r_B(\boldsymbol{B})$ の汎関数としてではなく，変分パラメータ $(\widehat{\boldsymbol{A}}, \widehat{\boldsymbol{\Sigma}}_A, \widehat{\boldsymbol{B}}, \widehat{\boldsymbol{\Sigma}}_B)$ の関数として陽に書くことができます．

$$
\begin{aligned}
2F &= 2\left\langle \log \frac{r_A(\boldsymbol{A})r_B(\boldsymbol{B})}{p(\boldsymbol{V}|\boldsymbol{A},\boldsymbol{B},\sigma^2)p(\boldsymbol{A}|\boldsymbol{C}_A)p(\boldsymbol{B}|\boldsymbol{C}_B)} \right\rangle_{r_A(\boldsymbol{A})r_B(\boldsymbol{B})} \\
&= 2\left\langle \log \frac{r_A(\boldsymbol{A})r_B(\boldsymbol{B})}{p(\boldsymbol{A}|\boldsymbol{C}_A)p(\boldsymbol{B}|\boldsymbol{C}_B)} \right\rangle_{r_A(\boldsymbol{A})r_B(\boldsymbol{B})} - 2\left\langle \log p(\boldsymbol{V}|\boldsymbol{A},\boldsymbol{B},\sigma^2) \right\rangle_{r_A(\boldsymbol{A})r_B(\boldsymbol{B})} \\
&= \Bigg\langle M\log\frac{|\boldsymbol{C}_A|}{|\widehat{\boldsymbol{\Sigma}}_A|} + L\log\frac{|\boldsymbol{C}_B|}{|\widehat{\boldsymbol{\Sigma}}_B|} + \mathrm{tr}\left(\boldsymbol{C}_A^{-1}\boldsymbol{A}^\top\boldsymbol{A} + \boldsymbol{C}_B^{-1}\boldsymbol{B}^\top\boldsymbol{B}\right) \\
&\qquad - \mathrm{tr}\left(\widehat{\boldsymbol{\Sigma}}_A^{-1}(\boldsymbol{A}-\widehat{\boldsymbol{A}})^\top(\boldsymbol{A}-\widehat{\boldsymbol{A}}) + \widehat{\boldsymbol{\Sigma}}_B^{-1}(\boldsymbol{B}-\widehat{\boldsymbol{B}})^\top(\boldsymbol{B}-\widehat{\boldsymbol{B}})\right) \\
&\qquad + LM\log(2\pi\sigma^2) + \frac{\|\boldsymbol{V}-\boldsymbol{B}\boldsymbol{A}^\top\|_{\mathrm{Fro}}^2}{\sigma^2} \Bigg\rangle_{r_A(\boldsymbol{A})r_B(\boldsymbol{B})} \\
&= M\log\frac{|\boldsymbol{C}_A|}{|\widehat{\boldsymbol{\Sigma}}_A|} + L\log\frac{|\boldsymbol{C}_B|}{|\widehat{\boldsymbol{\Sigma}}_B|} - \mathrm{tr}\left(M\widehat{\boldsymbol{\Sigma}}_A^{-1}\widehat{\boldsymbol{\Sigma}}_A + L\widehat{\boldsymbol{\Sigma}}_B^{-1}\widehat{\boldsymbol{\Sigma}}_B\right) \\
&\qquad + \mathrm{tr}\left(\boldsymbol{C}_A^{-1}\left(\widehat{\boldsymbol{A}}^\top\widehat{\boldsymbol{A}} + M\widehat{\boldsymbol{\Sigma}}_A\right) + \boldsymbol{C}_B^{-1}\left(\widehat{\boldsymbol{B}}^\top\widehat{\boldsymbol{B}} + L\widehat{\boldsymbol{\Sigma}}_B\right)\right) \\
&\qquad + LM\log(2\pi\sigma^2) + \left\langle \tfrac{\|(\boldsymbol{V}-\widehat{\boldsymbol{B}}\widehat{\boldsymbol{A}}^\top)+(\widehat{\boldsymbol{B}}\widehat{\boldsymbol{A}}^\top-\boldsymbol{B}\boldsymbol{A}^\top)\|_{\mathrm{Fro}}^2}{\sigma^2} \right\rangle_{r_A(\boldsymbol{A})r_B(\boldsymbol{B})} \\
&= M\log\frac{|\boldsymbol{C}_A|}{|\widehat{\boldsymbol{\Sigma}}_A|} + L\log\frac{|\boldsymbol{C}_B|}{|\widehat{\boldsymbol{\Sigma}}_B|} - (L+M)H \\
&\qquad + \mathrm{tr}\left(\boldsymbol{C}_A^{-1}\left(\widehat{\boldsymbol{A}}^\top\widehat{\boldsymbol{A}} + M\widehat{\boldsymbol{\Sigma}}_A\right) + \boldsymbol{C}_B^{-1}\left(\widehat{\boldsymbol{B}}^\top\widehat{\boldsymbol{B}} + L\widehat{\boldsymbol{\Sigma}}_B\right)\right) \\
&\qquad + LM\log(2\pi\sigma^2) + \tfrac{\|\boldsymbol{V}-\widehat{\boldsymbol{B}}\widehat{\boldsymbol{A}}^\top\|_{\mathrm{Fro}}^2}{\sigma^2} + \left\langle \tfrac{\|\widehat{\boldsymbol{B}}\widehat{\boldsymbol{A}}^\top-\boldsymbol{B}\boldsymbol{A}^\top\|_{\mathrm{Fro}}^2}{\sigma^2} \right\rangle_{r_A(\boldsymbol{A})r_B(\boldsymbol{B})} \\
&= LM\log(2\pi\sigma^2) + \frac{\|\boldsymbol{V}-\widehat{\boldsymbol{B}}\widehat{\boldsymbol{A}}^\top\|_{\mathrm{Fro}}^2}{\sigma^2} + M\log\frac{|\boldsymbol{C}_A|}{|\widehat{\boldsymbol{\Sigma}}_A|} + L\log\frac{|\boldsymbol{C}_B|}{|\widehat{\boldsymbol{\Sigma}}_B|} \\
&\quad - (L+M)H + \mathrm{tr}\Big\{\boldsymbol{C}_A^{-1}\left(\widehat{\boldsymbol{A}}^\top\widehat{\boldsymbol{A}} + M\widehat{\boldsymbol{\Sigma}}_A\right) + \boldsymbol{C}_B^{-1}\left(\widehat{\boldsymbol{B}}^\top\widehat{\boldsymbol{B}} + L\widehat{\boldsymbol{\Sigma}}_B\right) \\
&\quad +\sigma^{-2}\left(-\widehat{\boldsymbol{A}}^\top\widehat{\boldsymbol{A}}\widehat{\boldsymbol{B}}^\top\widehat{\boldsymbol{B}} + \left(\widehat{\boldsymbol{A}}^\top\widehat{\boldsymbol{A}} + M\widehat{\boldsymbol{\Sigma}}_A\right)\left(\widehat{\boldsymbol{B}}^\top\widehat{\boldsymbol{B}} + L\widehat{\boldsymbol{\Sigma}}_B\right)\right)\Big\}
\end{aligned}
\tag{6.38}
$$

この表現を用いれば，式 (6.22) の汎関数最適化問題を，（有限次元変数に関する）関数最適化問題として解くことができます．

$$
\text{Given} \quad \boldsymbol{C}_A, \boldsymbol{C}_A \in \mathbb{D}_{++}^H, \quad \sigma^2 \in \mathbb{R}_{++},
$$

$$\min_{\widehat{\boldsymbol{A}},\widehat{\boldsymbol{B}},\widehat{\boldsymbol{\Sigma}}_A,\widehat{\boldsymbol{\Sigma}}_B} \quad F \tag{6.39}$$
$$\text{s.t.} \quad \widehat{\boldsymbol{A}} \in \mathbb{R}^{M\times H}, \widehat{\boldsymbol{B}} \in \mathbb{R}^{L\times H}, \quad \widehat{\boldsymbol{\Sigma}}_A, \widehat{\boldsymbol{\Sigma}}_B \in \mathbb{S}_{++}^H$$

ここで，$\mathbb{R}_{++}$ は正の実数全体の集合，$\mathbb{S}_{++}^H$ は $H \times H$ 正定値対称行列全体の集合，$\mathbb{D}_{++}^H$ は $H \times H$ 正定値対角行列全体の集合です．Given... は，それらの変数が定数として与えられていることを意味します．

最適化問題 (6.39) に関して，以下のポイントを挙げておきます．

- 最適化問題 (6.39) の解 $(\widehat{\boldsymbol{A}}, \widehat{\boldsymbol{B}}, \widehat{\boldsymbol{\Sigma}}_A, \widehat{\boldsymbol{\Sigma}}_B)$ が得られたら，式 (6.29) および式 (6.33) を用いて変分ベイズ事後分布 $\widehat{r}(\boldsymbol{A}, \boldsymbol{B}) = r_A(\boldsymbol{A})r_B(\boldsymbol{B})$ が得られます．
- 事前分布の共分散とノイズ分散 $\boldsymbol{\kappa} = (\boldsymbol{C}_A, \boldsymbol{C}_A, \sigma^2)$ は超パラメータとして，今のところ既知の値として扱われています．これらのパラメータは以下で紹介する経験変分ベイズ学習によって，変分パラメータと同時に推定することができます．
- 変分パラメータ $(\widehat{\boldsymbol{A}}, \widehat{\boldsymbol{B}}, \widehat{\boldsymbol{\Sigma}}_A, \widehat{\boldsymbol{\Sigma}}_B)$ が満たす条件 (6.34)〜(6.37) は自由エネルギー (6.38) の停留条件であり，自由エネルギーをそれぞれ $\widehat{\boldsymbol{A}}, \widehat{\boldsymbol{\Sigma}}_A, \widehat{\boldsymbol{B}}, \widehat{\boldsymbol{\Sigma}}_B$ で偏微分することによっても得られます．
- 式 (6.34)〜(6.37) を繰り返し適用する変分ベイズ学習アルゴリズムは**座標降下 (coordinate descent)** 法の一種であり，局所探索アルゴリズムです．一方，自由エネルギー (6.38) は変分パラメータに関して非凸な関数です．したがって，変分ベイズ学習アルゴリズムによって大域最適解が得られる保証はありません．実は，欠損値のない行列分解モデルおよび類似の確率モデルにおいては，変分ベイズ学習の大域解を計算する方法があります（7 章参照）．

6.7.3 経験変分ベイズ学習アルゴリズムの導出

経験変分ベイズ学習アルゴリズムは，自由エネルギーを最小化する変数に超パラメータ $\boldsymbol{\kappa} = (\boldsymbol{C}_A, \boldsymbol{C}_A, \sigma^2)$ を含めることによって導出されます．

$$\min_{\widehat{\boldsymbol{A}},\widehat{\boldsymbol{B}},\widehat{\boldsymbol{\Sigma}}_A,\widehat{\boldsymbol{\Sigma}}_B,\boldsymbol{C}_A,\boldsymbol{C}_A,\sigma^2} \quad F \tag{6.40}$$

$$\text{s.t.} \quad \widehat{\boldsymbol{A}} \in \mathbb{R}^{M \times H}, \widehat{\boldsymbol{B}} \in \mathbb{R}^{L \times H}, \quad \widehat{\boldsymbol{\Sigma}}_A, \widehat{\boldsymbol{\Sigma}}_B \in \mathbb{S}_{++}^H,$$
$$\boldsymbol{C}_A, \boldsymbol{C}_A \in \mathbb{D}_{++}^H, \quad \sigma^2 \in \mathbb{R}_{++}$$

自由エネルギー (6.38) を事前共分散 $\boldsymbol{C}_A$ および $\boldsymbol{C}_B$（の対角成分）で偏微分すると

$$\frac{\partial F}{\partial c_{a_h}^2} = \frac{M}{2}\left(c_{a_h}^{-2} - c_{a_h}^{-4}\left(\frac{\|\widehat{\boldsymbol{a}}_h\|^2}{M} + \left(\widehat{\boldsymbol{\Sigma}}_A\right)_{h,h}\right)\right),$$
$$\frac{\partial F}{\partial c_{b_h}^2} = \frac{L}{2}\left(c_{b_h}^{-2} - c_{b_h}^{-4}\left(\frac{\|\widehat{\boldsymbol{b}}_h\|^2}{L} + \left(\widehat{\boldsymbol{\Sigma}}_B\right)_{h,h}\right)\right)$$

が得られるので，停留条件として（$h = 1, \ldots, H$ について）

$$c_{a_h}^2 = \|\widehat{\boldsymbol{a}}_h\|^2/M + \left(\widehat{\boldsymbol{\Sigma}}_A\right)_{h,h} \tag{6.41}$$

$$c_{b_h}^2 = \|\widehat{\boldsymbol{b}}_h\|^2/L + \left(\widehat{\boldsymbol{\Sigma}}_B\right)_{h,h} \tag{6.42}$$

が得られます．

同様に自由エネルギー (6.38) をノイズ分散 σ^2 で偏微分することにより，

$$\frac{\partial F}{\partial \sigma^2} = \frac{1}{2}\left(\frac{LM}{\sigma^2} - \frac{1}{\sigma^4}\left\{\|\boldsymbol{V}\|_{\mathrm{Fro}}^2 - \mathrm{tr}\left(2\boldsymbol{V}^\top \widehat{\boldsymbol{B}}\widehat{\boldsymbol{A}}^\top\right)\right.\right.$$
$$\left.\left.+\mathrm{tr}\left((\widehat{\boldsymbol{A}}^\top \widehat{\boldsymbol{A}} + M\widehat{\boldsymbol{\Sigma}}_A)(\widehat{\boldsymbol{B}}^\top \widehat{\boldsymbol{B}} + L\widehat{\boldsymbol{\Sigma}}_B)\right)\right\}\right)$$

を得ます．したがって，停留条件として

$$\sigma^2 = \frac{\|\boldsymbol{V}\|_{\mathrm{Fro}}^2 - \mathrm{tr}\left(2\boldsymbol{V}^\top \widehat{\boldsymbol{B}}\widehat{\boldsymbol{A}}^\top\right) + \mathrm{tr}\left((\widehat{\boldsymbol{A}}^\top \widehat{\boldsymbol{A}} + M\widehat{\boldsymbol{\Sigma}}_A)(\widehat{\boldsymbol{B}}^\top \widehat{\boldsymbol{B}} + L\widehat{\boldsymbol{\Sigma}}_B)\right)}{LM} \tag{6.43}$$

が得られます．

適当な初期値から，式 (6.34)〜(6.37) および式 (6.41)〜(6.43) を繰り返すことによって，経験変分ベイズ解が求まります．**アルゴリズム 6.1** に経験変分ベイズ学習アルゴリズムを示します．超パラメータ $\boldsymbol{\kappa} = (\boldsymbol{C}_A, \boldsymbol{C}_B, \sigma^2)$ の値をあらかじめ適切に設定してステップ 3 を省略すれば，変分ベイズ学習アルゴリズムになります．

アルゴリズム 6.1 行列分解モデルの経験変分ベイズ学習アルゴリズム

1. 変分パラメータ $(\widehat{\boldsymbol{A}}, \widehat{\boldsymbol{\Sigma}}_A, \widehat{\boldsymbol{B}}, \widehat{\boldsymbol{\Sigma}}_B)$ と超パラメータ $(\boldsymbol{C}_A, \boldsymbol{C}_B, \sigma^2)$ を初期化します．例えば $\widehat{A}_{m,h}, \widehat{B}_{l,h} \sim \mathrm{Norm}_1(0, \|\boldsymbol{V}\|_{\mathrm{Fro}}/\sqrt{LM})$, $\widehat{\boldsymbol{\Sigma}}_A = \widehat{\boldsymbol{\Sigma}}_B = \boldsymbol{C}_A = \boldsymbol{C}_B = \boldsymbol{I}_H$，$\sigma^2 = \|\boldsymbol{V}\|^2_{\mathrm{Fro}}/(LM)$.
2. 式 (6.35)，式 (6.34)，式 (6.37)，式 (6.36) の順で変分パラメータを更新（右辺の値を左辺に代入）します．
3. 式 (6.41), 式 (6.42), 式 (6.43) を用いて超パラメータを更新します．
4. 自由エネルギー (6.38) を計算して前回の値と比較します．減少量が閾値よりも大きければ，ステップ 2〜4 を繰り返します．小さければ収束したと判定してアルゴリズムを終了します．

6.8 欠損値のある行列分解モデルの場合

観測行列のすべての成分が観測されていない場合にも，同じ方針で変分ベイズ学習アルゴリズムを導出できますが，$\boldsymbol{A}$ および $\boldsymbol{B}$ の事後共分散が欠損の影響を受けて少し複雑になります．

欠損値がある場合には，モデル尤度 (6.19) を

$$p(\boldsymbol{V}|\boldsymbol{A}, \boldsymbol{B}, \sigma^2) = \frac{\exp\left(-\frac{1}{2\sigma^2}\|\mathcal{P}_\Lambda(\boldsymbol{V}) - \mathcal{P}_\Lambda(\boldsymbol{B}\boldsymbol{A}^\top)\|^2_{\mathrm{Fro}}\right)}{(2\pi\sigma^2)^{\#(\Lambda)/2}} \tag{6.44}$$

に置き換えます．事前分布には欠損値がないときと同じもの（式 (6.20) および式 (6.21)）を使います．

6.8.1 変分ベイズ学習アルゴリズムの導出

式 (6.24) の計算は，欠損値の影響で以下のように修正されます．

$$r_A(\boldsymbol{A}) \propto \exp\left(-\frac{1}{2}\mathrm{tr}\left(\boldsymbol{A}\boldsymbol{C}_A^{-1}\boldsymbol{A}^\top\right) - \frac{\left\langle\|\mathcal{P}_\Lambda(\boldsymbol{V}) - \mathcal{P}_\Lambda(\boldsymbol{B}\boldsymbol{A}^\top)\|^2_{\mathrm{Fro}}\right\rangle_{r_B(\boldsymbol{B})}}{2\sigma^2}\right)$$

$$\propto \exp\left(-\tfrac{1}{2}\mathrm{tr}\left(\boldsymbol{A}\boldsymbol{C}_A^{-1}\boldsymbol{A}^\top\right)\right.$$

$$+\frac{\sum_{(l,m)\in\Lambda}\left\langle -2V_{l,m}\sum_{h=1}^{H}B_{l,h}A_{m,h}+\sum_{h=1}^{H}\sum_{h'=1}^{H}B_{l,h}B_{l,h'}A_{m,h}A_{m,h'}\right\rangle_{r_B(\boldsymbol{B})}}{\sigma^2}\Bigg)$$

$$\propto \exp\left(-\frac{\sum_{m=1}^{M}\left((\widetilde{\boldsymbol{a}}_m-\widehat{\widetilde{\boldsymbol{a}}}_m)^\top\widehat{\boldsymbol{\Sigma}}_{A,m}^{-1}(\widetilde{\boldsymbol{a}}_m-\widehat{\widetilde{\boldsymbol{a}}}_m)\right)}{2}\right) \tag{6.45}$$

ただし，

$$\widehat{\widetilde{\boldsymbol{a}}}_m=\sigma^{-2}\widehat{\boldsymbol{\Sigma}}_{A,m}\sum_{l;(l,m)\in\Lambda}V_{l,m}\left\langle\widetilde{\boldsymbol{b}}_l\right\rangle_{r_B(\boldsymbol{B})} \tag{6.46}$$

$$\widehat{\boldsymbol{\Sigma}}_{A,m}=\sigma^2\left(\sum_{l;(l,m)\in\Lambda}\left\langle\widetilde{\boldsymbol{b}}_l\widetilde{\boldsymbol{b}}_l^\top\right\rangle_{r_B(\boldsymbol{B})}+\sigma^2\boldsymbol{C}_A^{-1}\right)^{-1} \tag{6.47}$$

です．ここで，$\sum_{(l,m)\in\Lambda}$ は観測されたインデックス $(l,m)\in\Lambda$ すべてについての和であり，$\sum_{l;(l,m)\in\Lambda}$ は与えられた m に対して $(l,m)\in\Lambda$ を満たすすべての l についての和を意味します．

式 (6.45) より，$r_A(\boldsymbol{A})$ は平均 $\widehat{\widetilde{\boldsymbol{a}}}_m$ および共分散 $\widehat{\boldsymbol{\Sigma}}_{A,m}$ がそれぞれ式 (6.46) および式 (6.47) を満たすガウス分布

$$\begin{aligned} r_A(\boldsymbol{A})&=\prod_{m=1}^{M}\mathrm{Norm}_H(\widetilde{\boldsymbol{a}}_m;\widehat{\widetilde{\boldsymbol{a}}}_m,\widehat{\boldsymbol{\Sigma}}_{A,m})\\ &=\prod_{m=1}^{M}\frac{\exp\left(-\frac{(\widetilde{\boldsymbol{a}}_m-\widehat{\widetilde{\boldsymbol{a}}}_m)^\top\widehat{\boldsymbol{\Sigma}}_{A,m}^{-1}(\widetilde{\boldsymbol{a}}_m-\widehat{\widetilde{\boldsymbol{a}}}_m)}{2}\right)}{(2\pi)^{H/2}|\widehat{\boldsymbol{\Sigma}}_{A,m}|^{1/2}} \end{aligned} \tag{6.48}$$

であることがわかります．

同様に，式 (6.25) は以下のように修正されます．

$$\begin{aligned} r_B(\boldsymbol{B})&\propto\exp\left(-\frac{1}{2}\mathrm{tr}\left(\boldsymbol{B}\boldsymbol{C}_B^{-1}\boldsymbol{B}^\top\right)-\frac{\left\langle\|\mathcal{P}_\Lambda(\boldsymbol{V})-\mathcal{P}_\Lambda(\boldsymbol{B}\boldsymbol{A}^\top)\|_{\mathrm{Fro}}^2\right\rangle_{r_A(\boldsymbol{A})}}{2\sigma^2}\right)\\ &\propto\exp\left(-\frac{\sum_{l=1}^{L}\left((\widetilde{\boldsymbol{b}}_m-\widehat{\widetilde{\boldsymbol{b}}}_l)^\top\widehat{\boldsymbol{\Sigma}}_{B,l}^{-1}(\widetilde{\boldsymbol{b}}_l-\widehat{\widetilde{\boldsymbol{b}}}_l)\right)}{2}\right) \end{aligned} \tag{6.49}$$

ただし

$$\widehat{\widetilde{\boldsymbol{b}}}_l = \sigma^{-2} \widehat{\boldsymbol{\Sigma}}_{B,l} \sum_{m;(l,m) \in \Lambda} V_{l,m} \left\langle \widetilde{\boldsymbol{a}}_m \right\rangle_{r_A(\boldsymbol{A})} \tag{6.50}$$

$$\widehat{\boldsymbol{\Sigma}}_{B,l} = \sigma^2 \left(\sum_{m;(l,m) \in \Lambda} \left\langle \widetilde{\boldsymbol{a}}_m \widetilde{\boldsymbol{a}}_m^\top \right\rangle_{r_A(\boldsymbol{A})} + \sigma^2 \boldsymbol{C}_B^{-1} \right)^{-1} \tag{6.51}$$

です．式 (6.49) より，$r_B(\boldsymbol{B})$ は平均 $\widehat{\widetilde{\boldsymbol{b}}}_m$ および共分散 $\widehat{\boldsymbol{\Sigma}}_{B,l}$ がそれぞれ式 (6.50) および式 (6.51) を満たすガウス分布

$$\begin{aligned} r_B(\boldsymbol{B}) &= \prod_{l=1}^{L} \mathrm{Norm}_H(\widetilde{\boldsymbol{b}}_l; \widehat{\widetilde{\boldsymbol{b}}}_l, \widehat{\boldsymbol{\Sigma}}_{B,l}) \\ &= \prod_{l=1}^{L} \frac{\exp\left(-\frac{(\widetilde{\boldsymbol{b}}_l - \widehat{\widetilde{\boldsymbol{b}}}_l)^\top \widehat{\boldsymbol{\Sigma}}_{B,l}^{-1} (\widetilde{\boldsymbol{b}}_l - \widehat{\widetilde{\boldsymbol{b}}}_l)}{2} \right)}{(2\pi)^{H/2} |\widehat{\boldsymbol{\Sigma}}_{B,l}|^{1/2}} \end{aligned} \tag{6.52}$$

であることがわかります．

欠損値のある行列分解モデルの変分ベイズ事後分布 (6.48) および (6.52) もガウス分布ですが，欠損値のない行列分解モデルの変分ベイズ事後分布 (6.29) および (6.33) と異なり，$\boldsymbol{A}$ および $\boldsymbol{B}$ の各行ベクトルの共分散 $\widehat{\boldsymbol{\Sigma}}_{A,m}$ および $\widehat{\boldsymbol{\Sigma}}_{B,l}$ が行ごとに異なる（すなわち m および l にそれぞれ依存する）ことに注意してください．

変分ベイズ事後分布 (6.48) および (6.52) の 1 次および 2 次モーメントは

$$\begin{aligned} \left\langle \widetilde{\boldsymbol{a}}_m \right\rangle_{r_A(\boldsymbol{A})} &= \widehat{\widetilde{\boldsymbol{a}}}_m, \\ \left\langle \widetilde{\boldsymbol{a}}_m \widetilde{\boldsymbol{a}}_m^\top \right\rangle_{r_A(\boldsymbol{A})} &= \widehat{\widetilde{\boldsymbol{a}}}_m \widehat{\widetilde{\boldsymbol{a}}}_m^\top + \widehat{\boldsymbol{\Sigma}}_{A,m}, \\ \left\langle \widetilde{\boldsymbol{b}}_l \right\rangle_{r_B(\boldsymbol{B})} &= \widehat{\widetilde{\boldsymbol{b}}}_l, \\ \left\langle \widetilde{\boldsymbol{b}}_l \widetilde{\boldsymbol{b}}_l^\top \right\rangle_{r_B(\boldsymbol{B})} &= \widehat{\widetilde{\boldsymbol{b}}}_l \widehat{\widetilde{\boldsymbol{b}}}_l^\top + \widehat{\boldsymbol{\Sigma}}_{B,l} \end{aligned}$$

で与えられますので，これらを式 (6.46)，式 (6.47)，式 (6.50)，式 (6.51) に代入することによって，

$$\widehat{\widehat{\boldsymbol{a}}}_m = \sigma^{-2} \widehat{\boldsymbol{\Sigma}}_{A,m} \sum_{l;(l,m)\in\Lambda} V_{l,m} \widehat{\widehat{\boldsymbol{b}}}_l \tag{6.53}$$

$$\widehat{\boldsymbol{\Sigma}}_{A,m} = \sigma^2 \left(\sum_{l;(l,m)\in\Lambda} \left(\widehat{\widehat{\boldsymbol{b}}}_l \widehat{\widehat{\boldsymbol{b}}}_l^\top + \widehat{\boldsymbol{\Sigma}}_{B,l} \right) + \sigma^2 \boldsymbol{C}_A^{-1} \right)^{-1} \tag{6.54}$$

$$\widehat{\widehat{\boldsymbol{b}}}_l = \sigma^{-2} \widehat{\boldsymbol{\Sigma}}_{B,l} \sum_{m;(l,m)\in\Lambda} V_{l,m} \widehat{\widehat{\boldsymbol{a}}}_m \tag{6.55}$$

$$\widehat{\boldsymbol{\Sigma}}_{B,l} = \sigma^2 \left(\sum_{m;(l,m)\in\Lambda} \left(\widehat{\widehat{\boldsymbol{a}}}_m \widehat{\widehat{\boldsymbol{a}}}_m^\top + \widehat{\boldsymbol{\Sigma}}_{A,m} \right) + \sigma^2 \boldsymbol{C}_B^{-1} \right)^{-1} \tag{6.56}$$

を得ます．欠損値がない場合と同様に，式 (6.53)〜(6.56) を収束するまで繰り返すことによって変分ベイズ学習の局所解が得られます．

6.8.2 変分パラメータの関数としての自由エネルギー

自由エネルギーは変分パラメータの関数として

$$\begin{aligned} 2F = {}& \#(\Lambda) \cdot \log(2\pi\sigma^2) + \textstyle\sum_{m=1}^M \log \frac{|\boldsymbol{C}_A|}{|\widehat{\boldsymbol{\Sigma}}_{A,m}|} + \textstyle\sum_{l=1}^L \log \frac{|\boldsymbol{C}_B|}{|\widehat{\boldsymbol{\Sigma}}_{B,l}|} - (L+M)H \\ & + \mathrm{tr}\left\{ \boldsymbol{C}_A^{-1} \left(\widehat{\boldsymbol{A}}^\top \widehat{\boldsymbol{A}} + \textstyle\sum_{m=1}^M \widehat{\boldsymbol{\Sigma}}_{A,m} \right) + \boldsymbol{C}_B^{-1} \left(\widehat{\boldsymbol{B}}^\top \widehat{\boldsymbol{B}} + \textstyle\sum_{l=1}^L \widehat{\boldsymbol{\Sigma}}_{B,l} \right) \right\} \\ & + \frac{\sum_{(l,m)\in\Lambda} \left(V_{l,m} - 2V_{l,m} \widehat{\widehat{\boldsymbol{a}}}_m^\top \widehat{\widehat{\boldsymbol{b}}}_l + \mathrm{tr}\left\{ \left(\widehat{\widehat{\boldsymbol{a}}}_m \widehat{\widehat{\boldsymbol{a}}}_m^\top + \widehat{\boldsymbol{\Sigma}}_{A,m} \right) \left(\widehat{\widehat{\boldsymbol{b}}}_l \widehat{\widehat{\boldsymbol{b}}}_l^\top + \widehat{\boldsymbol{\Sigma}}_{B,l} \right) \right\} \right)}{\sigma^2} \end{aligned} \tag{6.57}$$

と書けます．

6.8.3 経験変分ベイズ学習アルゴリズムの導出

自由エネルギー (6.57) を $c_{a_h}^2$，$c_{b_h}^2$，σ^2 でそれぞれ偏微分することによって，超パラメータの更新則が得られます．

$$c_{a_h}^2 = \frac{\|\widehat{\boldsymbol{a}}_h\|^2 + \left(\sum_{m=1}^M \widehat{\boldsymbol{\Sigma}}_{A,m} \right)_{h,h}}{M} \tag{6.58}$$

$$c_{b_h}^2 = \frac{\left\|\widehat{\boldsymbol{b}}_h\right\|^2 + \left(\sum_{l=1}^L \widehat{\boldsymbol{\Sigma}}_{B,l} \right)_{h,h}}{L} \tag{6.59}$$

$$\sigma^2 = \frac{\sum_{(l,m)\in\Lambda}\left(V_{l,m} - 2V_{l,m}\widehat{\widehat{\boldsymbol{a}}}_m^\top\widehat{\widehat{\boldsymbol{b}}}_l + \mathrm{tr}\left\{\left(\widehat{\widehat{\boldsymbol{a}}}_m\widehat{\widehat{\boldsymbol{a}}}_m^\top + \widehat{\boldsymbol{\Sigma}}_{A,m}\right)\left(\widehat{\widehat{\boldsymbol{b}}}_l\widehat{\widehat{\boldsymbol{b}}}_l^\top + \widehat{\boldsymbol{\Sigma}}_{B,l}\right)\right\}\right)}{\#(\Lambda)} \tag{6.60}$$

適当な初期値を設定したのち，式 (6.53)〜(6.56) および式 (6.58)〜(6.60) を収束するまで繰り返すことによって，経験変分ベイズ学習の局所解が得られます（**アルゴリズム 6.2**）．なお，欠損値の予測には対応する成分の事後平均

$$\widehat{V}_{l,m} = \left\langle \widetilde{\boldsymbol{b}}_l^\top \widetilde{\boldsymbol{a}}_m \right\rangle_{r_A(\boldsymbol{A})r_B(\boldsymbol{B})} = \widehat{\widehat{\boldsymbol{b}}}_l^\top \widehat{\widehat{\boldsymbol{a}}}_m \tag{6.61}$$

が用いられます．

アルゴリズム 6.2　欠損値のある行列分解モデルの経験変分ベイズ学習アルゴリズム

1. 変分パラメータ $(\widehat{\boldsymbol{A}}, \{\widehat{\boldsymbol{\Sigma}}_{A,m}\}_{m=1}^M, \widehat{\boldsymbol{B}}, \{\widehat{\boldsymbol{\Sigma}}_{B,l}\}_{l=1}^L)$ と超パラメータ $(\boldsymbol{C}_A, \boldsymbol{C}_B, \sigma^2)$ を初期化します．例えば $\widehat{A}_{m,h}, \widehat{B}_{l,h} \sim \mathrm{Norm}_1\left(0, \sqrt{\sum_{(l,m)\in\Lambda} V_{l,m}^2/\#(\Lambda)}\right)$，$\widehat{A}_{m,h} = \widehat{\boldsymbol{\Sigma}}_{B,l} = \boldsymbol{C}_A = \boldsymbol{C}_B = \boldsymbol{I}_H$，$\sigma^2 = \sum_{(l,m)\in\Lambda} V_{l,m}^2/\#(\Lambda)$.
2. 式 (6.54)，式 (6.53)，式 (6.56)，式 (6.55) の順で変分パラメータを更新します．
3. 式 (6.58), 式 (6.59), 式 (6.60) を用いて超パラメータを更新します．
4. 自由エネルギー (6.57) を計算して前回の値と比較します．減少量が閾値よりも大きければ，ステップ 2〜4 を繰り返します．小さければ収束したと判定してアルゴリズムを終了します．

6.9　混合ガウス分布モデルの場合

混合ガウス分布モデル

$$p(\boldsymbol{z}|\boldsymbol{\alpha}) = \mathrm{Multi}_{K,1}(\boldsymbol{z}; \boldsymbol{\alpha}) \tag{6.62}$$

$$p(\boldsymbol{x}|\boldsymbol{z}, \{\boldsymbol{\mu}_k\}_{k=1}^K) = \prod_{k=1}^K \{\mathrm{Norm}_M(\boldsymbol{x}; \boldsymbol{\mu}_k, \boldsymbol{I}_M)\}^{z_k} \tag{6.63}$$

に変分ベイズ学習を適用します．ここでは簡単のため，混合ガウス成分の共分散はすべて既知であり，単位行列である場合を考えます[*6]．また，$\boldsymbol{\alpha}$ の事前分布には対称（均一）ディリクレ事前分布を，$\boldsymbol{\mu}_k$ の事前分布には平均 $\mathbf{0}$ の等方的ガウス分布を用います．

$$p(\boldsymbol{\alpha}|\boldsymbol{\phi}) = \mathrm{Dir}_K(\boldsymbol{\alpha}; (\phi, \ldots, \phi)^\top) \tag{6.64}$$

$$p(\{\boldsymbol{\mu}_k\}_{k=1}^K|\sigma_0^2) = \prod_{k=1}^K \mathrm{Norm}_M(\boldsymbol{\mu}_k; \mathbf{0}, \sigma_0^2 \boldsymbol{I}_M) \tag{6.65}$$

N 個の i.i.d. 観測データ $\mathcal{D} = \{\boldsymbol{x}^{(1)}, \ldots, \boldsymbol{x}^{(N)}\}$ と，それぞれに対応する N 個の潜在変数 $\mathcal{H} = \{\boldsymbol{z}^{(1)}, \ldots, \boldsymbol{z}^{(N)}\}$ に対するモデル（完全）尤度は

$$p(\mathcal{D}, \{\boldsymbol{z}^{(n)}\}_{n=1}^N|\boldsymbol{a}, \{\boldsymbol{\mu}_k\}_{k=1}^K) = \prod_{n=1}^N \prod_{k=1}^K \left\{\alpha_k \mathrm{Norm}_M(\boldsymbol{x}^{(n)}; \boldsymbol{\mu}_k, \boldsymbol{I}_M)\right\}^{z_k^{(n)}} \tag{6.66}$$

で与えられます．

6.9.1 変分ベイズ学習アルゴリズムの導出

混合ガウス分布モデルでは，モデル尤度を取り扱いやすくするために潜在変数 $\mathcal{H} = \{\boldsymbol{z}^{(n)}\}_{n=1}^N$ を導入しました．したがって，未知パラメータ $\boldsymbol{\omega} = (\boldsymbol{\alpha}, \{\boldsymbol{\mu}_k\}_{k=1}^K)$ に加えて潜在変数の近似事後分布も求める必要があります．すなわち，$r(\mathcal{H}, \boldsymbol{\omega})$ を計算することが変分ベイズ学習の目的です．

混合ガウス分布モデルでは，未知変数を潜在変数とパラメータとに分割することによって条件付き共役性が利用できることを，6.2 節において確認しました．したがって，混合ガウス分布モデルの変分ベイズ学習では，以下の最小化問題を解きます．

$$\widehat{r} = \underset{r}{\mathrm{argmin}}\, F(r) \qquad \text{s.t.} \qquad r(\mathcal{H}, \boldsymbol{\omega}) = r_{\mathcal{H}}(\mathcal{H}) r_\omega(\boldsymbol{\omega}) \tag{6.67}$$

この独立性制約のもとで，自由エネルギーは以下のように書けます．

---

*6　混合ガウス成分の平均と共分散の両方を未知パラメータとしてベイズ学習する場合，ガウス–ウィシャート分布が（潜在変数が与えられたもとで）条件付き共役事前分布になります．本節の変分ベイズ学習アルゴリズム導出に，54 ページのガウス–ウィシャート型尤度関数の計算を応用すれば，一般の混合ガウス分布モデルの変分ベイズ学習アルゴリズムを導出できます．

$$
\begin{aligned}
F(r) &= \left\langle \log \frac{r_{\mathcal{H}}(\mathcal{H}) r_{\omega}(\boldsymbol{\omega})}{p(\mathcal{D}, \mathcal{H}|\boldsymbol{\omega}) p(\boldsymbol{\omega})} \right\rangle_{r_{\mathcal{H}}(\mathcal{H}) r_{\omega}(\boldsymbol{\omega})} \\
&= \sum_{\mathcal{H}} \int r_{\mathcal{H}}(\mathcal{H}) r_{\omega}(\boldsymbol{\omega}) \log \frac{r_{\mathcal{H}}(\mathcal{H}) r_{\omega}(\boldsymbol{\omega})}{p(\mathcal{D}, \mathcal{H}|\boldsymbol{\omega}) p(\boldsymbol{\omega})} d\boldsymbol{\omega} \qquad (6.68)
\end{aligned}
$$

$r_{\mathcal{H}}(\mathcal{H})$ および $r_{\omega}(\boldsymbol{\omega})$ それぞれについて変分法を適用すると，式 (6.15) に相当する停留条件として以下が得られます．

$$
r_{\mathcal{H}}(\mathcal{H}) \propto \exp \langle \log p(\mathcal{D}, \mathcal{H}|\boldsymbol{\omega}) \rangle_{r_{\omega}(\boldsymbol{\omega})} \qquad (6.69)
$$

$$
r_{\omega}(\boldsymbol{\omega}) \propto p(\boldsymbol{\omega}) \exp \langle \log p(\mathcal{D}, \mathcal{H}|\boldsymbol{\omega}) \rangle_{r_{\mathcal{H}}(\mathcal{H})} \qquad (6.70)
$$

式 (6.69) にモデル尤度 (6.66) を代入し，潜在変数 $\mathcal{H} = \{\boldsymbol{z}^{(n)}\}_{n=1}^{N}$ 依存性のみに注目すると，

$$
\begin{aligned}
&r_z(\{\boldsymbol{z}^{(n)}\}_{n=1}^{N}) \\
&\quad \propto \exp \left\langle \log \prod_{n=1}^{N} \prod_{k=1}^{K} \left(\alpha_k \frac{\exp\left(-\frac{\|\boldsymbol{x}^{(n)} - \boldsymbol{\mu}_k\|^2}{2}\right)}{(2\pi)^{M/2}} \right)^{z_k^{(n)}} \right\rangle_{r_{\alpha,\mu}(\boldsymbol{\alpha}, \{\boldsymbol{\mu}_k\}_{k=1}^{K})} \\
&\quad \propto \prod_{n=1}^{N} \prod_{k=1}^{K} \exp \left\langle z_k^{(n)} \left(\log \alpha_k - \frac{1}{2} \|\boldsymbol{x}^{(n)} - \boldsymbol{\mu}_k\|^2 \right) \right\rangle_{r_{\alpha,\mu}(\boldsymbol{\alpha}, \{\boldsymbol{\mu}_k\}_{k=1}^{K})} \\
&\quad \propto \prod_{n=1}^{N} \prod_{k=1}^{K} \exp \Bigg(z_k^{(n)} \Big(\langle \log \alpha_k \rangle_{r_{\alpha,\mu}(\boldsymbol{\alpha}, \{\boldsymbol{\mu}_k\}_{k=1}^{K})} \\
&\qquad\qquad - \frac{1}{2} \left\langle \|\boldsymbol{x}^{(n)} - \boldsymbol{\mu}_k\|^2 \right\rangle_{r_{\alpha,\mu}(\boldsymbol{\alpha}, \{\boldsymbol{\mu}_k\}_{k=1}^{K})} \Big) \Bigg) \\
&\quad \propto \prod_{n=1}^{N} \left(\prod_{k=1}^{K} \left(\overline{z}_k^{(n)} \right)^{z_k^{(n)}} \right) \qquad (6.71)
\end{aligned}
$$

が得られます．ここで，$\overline{\boldsymbol{z}}^{(n)} \in \mathbb{R}_{++}^{K}$ は

$$
\overline{z}_k^{(n)} = \exp \left(\langle \log \alpha_k \rangle_{r_{\alpha,\mu}(\boldsymbol{\alpha}, \{\boldsymbol{\mu}_k\}_{k=1}^{K})} - \frac{1}{2} \left\langle \|\boldsymbol{x}^{(n)} - \boldsymbol{\mu}_k\|^2 \right\rangle_{r_{\alpha,\mu}(\boldsymbol{\alpha}, \{\boldsymbol{\mu}_k\}_{k=1}^{K})} \right) \qquad (6.72)
$$

を満たします．

式 (6.71) から，潜在変数の事後分布はサンプルごとに独立な多項分布であることがわかりました．

$$r_z(\{\boldsymbol{z}^{(n)}\}_{n=1}^{N}) = \prod_{n=1}^{N} \mathrm{Multi}_{K,1}\left(\boldsymbol{z}^{(n)}; \widehat{\boldsymbol{z}}^{(n)}\right) \tag{6.73}$$

ここで，変分パラメータ $\widehat{\boldsymbol{z}}^{(n)} \in \Delta^{K-1}$ は

$$\widehat{z}_k^{(n)} = \frac{\overline{z}_k^{(n)}}{\sum_{k'=1}^{K} \overline{z}_{k'}^{(n)}} \tag{6.74}$$

で与えられます．

一方，式 (6.70) にモデル尤度 (6.66) と事前分布 (6.64) および (6.65) を代入し，パラメータ $\boldsymbol{\omega} = (\boldsymbol{\alpha}, \{\boldsymbol{\mu}_k\}_{k=1}^{K})$ 依存性のみに注目すると，

$$\begin{aligned}
& r_{\alpha,\mu}(\boldsymbol{\alpha}, \{\boldsymbol{\mu}_k\}_{k=1}^{K}) \\
&\quad \propto \left(\prod_{k=1}^{K} \alpha_k^{\phi-1} \frac{\exp\left(-\frac{\|\boldsymbol{\mu}_k\|^2}{2\sigma_0^2}\right)}{(2\pi\sigma_0^2)^{M/2}}\right) \\
&\qquad \cdot \exp\left\langle \log \prod_{n=1}^{N}\prod_{k=1}^{K}\left(\alpha_k \frac{\exp\left(-\frac{\|\boldsymbol{x}^{(n)}-\boldsymbol{\mu}_k\|^2}{2}\right)}{(2\pi)^{M/2}}\right)^{z_k^{(n)}} \right\rangle_{r_z(\{\boldsymbol{z}^{(n)}\}_{n=1}^{N})} \\
&\quad \propto \prod_{k=1}^{K} \alpha_k^{\phi-1} \exp\Bigg\{ -\frac{\|\boldsymbol{\mu}_k\|^2}{2\sigma_0^2} \\
&\qquad\qquad + \sum_{n=1}^{N}\left(\log\alpha_k - \frac{1}{2}\|\boldsymbol{x}^{(n)} - \boldsymbol{\mu}_k\|^2\right)\left\langle z_k^{(n)} \right\rangle_{r_z(\{\boldsymbol{z}^{(n)}\}_{n=1}^{N})} \Bigg\} \\
&\quad \propto \prod_{k=1}^{K} \alpha_k^{\overline{N}_k+\phi-1} \exp\left(-\frac{(\overline{N}_k + \sigma_0^{-2})\|\boldsymbol{\mu}_k - \frac{\overline{N}_k\overline{\boldsymbol{x}}_k}{\overline{N}_k+\sigma_0^{-2}}\|^2}{2}\right)
\end{aligned} \tag{6.75}$$

が得られます．ただし，

$$\overline{N}_k = \sum_{n=1}^{N} \langle z_k^{(n)} \rangle_{r_z(\{\boldsymbol{z}^{(n)}\}_{n=1}^{N})} \tag{6.76}$$

$$\overline{\boldsymbol{x}}_k = \frac{1}{\overline{N}_k} \sum_{n=1}^{N} \boldsymbol{x}^{(n)} \langle z_k^{(n)} \rangle_{r_z(\{\boldsymbol{z}^{(n)}\}_{n=1}^N)} \tag{6.77}$$

です．

式 (6.75) から，パラメータの事後分布が $\boldsymbol{\alpha}$ に関するディリクレ分布と $\{\boldsymbol{\mu}_k\}_{k=1}^K$ に関する等方的ガウス分布との積であることがわかりました．

$$r_{\alpha,\mu}(\boldsymbol{\alpha}, \{\boldsymbol{\mu}_k\}_{k=1}^K) = r_\alpha(\boldsymbol{\alpha}) r_\mu(\{\boldsymbol{\mu}_k\}_{k=1}^K)$$

ただし，

$$r_\alpha(\boldsymbol{\alpha}) = \mathrm{Dir}\left(\boldsymbol{\alpha}; \widehat{\boldsymbol{\alpha}}\right) \tag{6.78}$$

$$r_\mu(\{\boldsymbol{\mu}_k\}_{k=1}^K) = \prod_{k=1}^{K} \mathrm{Norm}_M\left(\boldsymbol{\mu}_k; \widehat{\boldsymbol{\mu}}_k, \widehat{\sigma}_k^2 \boldsymbol{I}_M\right) \tag{6.79}$$

です．事後分布を記述する変分パラメータは以下を満たします．

$$\widehat{\alpha}_k = \overline{N}_k + \phi \tag{6.80}$$

$$\widehat{\boldsymbol{\mu}}_k = \frac{\overline{N}_k \overline{\boldsymbol{x}}_k}{\overline{N}_k + \sigma_0^{-2}} \tag{6.81}$$

$$\widehat{\sigma}_k^2 = \frac{1}{\overline{N}_k + \sigma_0^{-2}} \tag{6.82}$$

変分ベイズ事後分布 (6.73)，(6.78) および (6.79) が基本的な分布形であることがわかったので，表 5.1 を用いて式 (6.72)，式 (6.76)，式 (6.77) の右辺に含まれる期待値を計算します．

$$\begin{aligned}
\langle z_k^{(n)} \rangle_{r_z(\{\boldsymbol{z}^{(n)}\}_{n=1}^N)} &= \widehat{z}_k^{(n)}, \\
\langle \log \alpha_k \rangle_{r_{\alpha,\mu}(\boldsymbol{\alpha}, \{\boldsymbol{\mu}_k\}_{k=1}^K)} &= \langle \log \alpha_k \rangle_{r_\alpha(\boldsymbol{\alpha})} \\
&= \Psi(\widehat{\alpha}_k) - \Psi\left(\sum_{k'=1}^{K} \widehat{\alpha}_{k'}\right), \\
\left\langle \|\boldsymbol{x}^{(n)} - \boldsymbol{\mu}_k\|^2 \right\rangle_{r_{\alpha,\mu}(\boldsymbol{\alpha}, \{\boldsymbol{\mu}_k\}_{k=1}^K)} &= \left\langle \|(\boldsymbol{x}^{(n)} - \widehat{\boldsymbol{\mu}}_k) + (\widehat{\boldsymbol{\mu}}_k - \boldsymbol{\mu}_k)\|^2 \right\rangle_{r(\boldsymbol{\mu}_k)} \\
&= \|\boldsymbol{x}^{(n)} - \widehat{\boldsymbol{\mu}}_k\|^2 + M\widehat{\sigma}_k^2
\end{aligned}$$

ここで，

$$\Psi(x) = \frac{\partial \log \Gamma(x)}{\partial x}$$

は**ディガンマ関数** (**digamma function**) です．

これらの期待値を用いて，得られた結果をまとめます．

$$r(\{\boldsymbol{z}^{(n)}\}_{n=1}^{N}, \boldsymbol{\alpha}, \{\boldsymbol{\mu}_k\}_{k=1}^{K}) = r_z(\{\boldsymbol{z}^{(n)}\}_{n=1}^{N}) r_\alpha(\boldsymbol{\alpha}) r_\mu(\{\boldsymbol{\mu}_k\}_{k=1}^{K})$$

ただし，

$$\begin{aligned} r_z(\{\boldsymbol{z}^{(n)}\}_{n=1}^{N}) &= \prod_{n=1}^{N} \mathrm{Multi}_{K,1}\left(\boldsymbol{z}^{(n)}; \widehat{\boldsymbol{z}}^{(n)}\right), \\ r_\alpha(\boldsymbol{\alpha}) &= \mathrm{Dir}\left(\boldsymbol{\alpha}; \widehat{\boldsymbol{\alpha}}\right), \\ r_\mu(\{\boldsymbol{\mu}_k\}_{k=1}^{K}) &= \prod_{k=1}^{K} \mathrm{Norm}_M\left(\boldsymbol{\mu}_k; \widehat{\boldsymbol{\mu}}_k, \widehat{\sigma}_k^2 \boldsymbol{I}_M\right) \end{aligned}$$

です．ここで，$\{\widehat{\boldsymbol{z}}^{(n)}\}_{n=1}^{N}$，$\widehat{\boldsymbol{\alpha}}$ および $\{\widehat{\boldsymbol{\mu}}_k, \widehat{\sigma}_k^2\}_{k=1}^{K}$ は変分パラメータであり，以下を満たします．

$$\widehat{z}_k^{(n)} = \frac{\overline{z}_k^{(n)}}{\sum_{k'=1}^{K} \overline{z}_{k'}^{(n)}} \tag{6.83}$$

$$\widehat{\alpha}_k = \overline{N}_k + \phi \tag{6.84}$$

$$\widehat{\boldsymbol{\mu}}_k = \frac{\overline{N}_k \overline{\boldsymbol{x}}_k}{\overline{N}_k + \sigma_0^{-2}} \tag{6.85}$$

$$\widehat{\sigma}_k^2 = \frac{1}{\overline{N}_k + \sigma_0^{-2}} \tag{6.86}$$

ただし，

$$\begin{aligned} \overline{z}_k^{(n)} &= \exp\left(\Psi(\widehat{\alpha}_k) - \Psi\left(\sum_{k'=1}^{K} \widehat{\alpha}_{k'}\right) - \frac{1}{2}\left\|\boldsymbol{x}^{(n)} - \widehat{\boldsymbol{\mu}}_k\right\|^2 + M\widehat{\sigma}_k^2\right) \\ &= \exp\left(\Psi(\widehat{\alpha}_k) - \frac{1}{2}\left\|\boldsymbol{x}^{(n)} - \widehat{\boldsymbol{\mu}}_k\right\|^2 + M\widehat{\sigma}_k^2 + \mathrm{const.}\right) \end{aligned} \tag{6.87}$$

$$\overline{N}_k = \sum_{n=1}^{N} \widehat{z}_k^{(n)} \tag{6.88}$$

$$\overline{\boldsymbol{x}}_k = \frac{1}{\overline{N}_k} \sum_{n=1}^{N} \boldsymbol{x}^{(n)} \widehat{z}_k^{(n)} \tag{6.89}$$

です．

必要に応じて式 (6.87)～(6.89) を使いながら，式 (6.83)～(6.86) によって変分パラメータを収束するまで更新すれば，変分ベイズ学習の局所解を求めることができます．なお，式 (6.87) に含まれる const. は式 (6.83) に影響を与えません．したがって 0 に置き換えて計算します．

6.9.2 変分パラメータの関数としての自由エネルギー

式 (6.73)，式 (6.78)，式 (6.79) を式 (6.68) に代入することによって，自由エネルギーを変分パラメータ $\{\widehat{\boldsymbol{z}}^{(n)}\}_{n=1}^N, \widehat{\boldsymbol{\alpha}}, \{\widehat{\boldsymbol{\mu}}_k, \widehat{\sigma}_k^2\}_{k=1}^K$ の関数として陽に書き表せます．

$$\begin{aligned}
F &= \left\langle \log \frac{r_{\mathcal{H}}(\mathcal{H}) r_{\omega}(\boldsymbol{\omega})}{p(\boldsymbol{\omega})} \right\rangle_{r_{\mathcal{H}}(\mathcal{H}) r_{\omega}(\boldsymbol{\omega})} - \langle \log p(\mathcal{D}, \mathcal{H} | \boldsymbol{\omega}) \rangle_{r_{\mathcal{H}}(\mathcal{H}) r_{\omega}(\boldsymbol{\omega})} \\
&= \left\langle \log \frac{(\widehat{z}_k^{(n)})^{z_k^{(n)}} \frac{\Gamma(\sum_{k=1}^K \widehat{\alpha}_k)}{\prod_{k=1}^K \Gamma(\widehat{\alpha}_k)} \prod_{k=1}^K \alpha_k^{\widehat{\alpha}_k - 1} \frac{\exp\left(-\frac{\|\boldsymbol{\mu}_k - \widehat{\boldsymbol{\mu}}_k\|^2}{2\widehat{\sigma}_k^2}\right)}{(2\pi\widehat{\sigma}_k^2)^{M/2}}}{\frac{\Gamma(K\phi)}{(\Gamma(\phi))^K} \prod_{k=1}^K \alpha_k^{\phi-1} \frac{\exp\left(-\frac{\|\boldsymbol{\mu}_k\|^2}{2\sigma_0^2}\right)}{(2\pi\sigma_0^2)^{M/2}}} \right\rangle_{r_{\mathcal{H}}(\mathcal{H}) r_{\omega}(\boldsymbol{\omega})} \\
&\qquad - \left\langle \log \prod_{n=1}^N \prod_{k=1}^K \left\{ \alpha_k \frac{\exp\left(-\frac{\|\boldsymbol{x}^{(n)} - \boldsymbol{\mu}_k\|^2}{2}\right)}{(2\pi)^{M/2}} \right\}^{z_k^{(n)}} \right\rangle_{r_{\mathcal{H}}(\mathcal{H}) r_{\omega}(\boldsymbol{\omega})} \\
&= \log \left(\frac{\Gamma(\sum_{k=1}^K \widehat{\alpha}_k)}{\prod_{k=1}^K \Gamma(\widehat{\alpha}_k)} \right) - \log \left(\frac{\Gamma(K\phi)}{(\Gamma(\phi))^K} \right) + \frac{M}{2} \sum_{k=1}^K \log \frac{\sigma_0^2}{\widehat{\sigma}_k^2} - \frac{KM}{2} \\
&\quad + \sum_{n=1}^N \sum_{k=1}^K \widehat{z}_k^{(n)} \log \widehat{z}_k^{(n)} + \sum_{k=1}^K \left(\widehat{\alpha}_k - \phi - \overline{N}_k\right) \left(\Psi(\widehat{\alpha}_k) - \Psi(\textstyle\sum_{k'=1}^K \widehat{\alpha}_{k'}) \right) \\
&\quad + \sum_{k=1}^K \frac{\|\widehat{\boldsymbol{\mu}}_k\|^2 + M\widehat{\sigma}_k^2}{2\sigma_0^2} + \sum_{k=1}^K \frac{\overline{N}_k \left(M \log(2\pi) + M\widehat{\sigma}_k^2 \right)}{2} \\
&\quad + \sum_{k=1}^K \frac{\overline{N}_k \|\overline{\boldsymbol{x}}_k - \widehat{\boldsymbol{\mu}}_k\|^2 + \sum_{n=1}^N \widehat{\boldsymbol{z}}_k^{(n)} \|\boldsymbol{x}^{(n)} - \overline{\boldsymbol{x}}_k\|^2}{2}
\end{aligned} \tag{6.90}$$

行列分解モデルの場合と同様，変分パラメータが満たす条件 (6.83)〜(6.86) は自由エネルギー (6.90) の停留条件であり，自由エネルギーを $\{\widehat{\boldsymbol{z}}^{(n)}\}_{n=1}^{N}, \widehat{\boldsymbol{\alpha}}, \{\widehat{\boldsymbol{\mu}}_k, \widehat{\sigma}_k^2\}_{k=1}^{K}$ それぞれで偏微分することによっても得られます．また，自由エネルギー (6.90) は変分パラメータに関して非凸な関数なので，局所探索アルゴリズムである変分ベイズ学習アルゴリズムによって大域解が得られる保証はありません．

6.9.3 経験変分ベイズ学習アルゴリズムの導出

自由エネルギー (6.90) を超パラメータ $\boldsymbol{\kappa} = (\phi, \sigma_0^2)$ で偏微分すると，

$$\frac{\partial F}{\partial \phi} = K\left(\Psi(\phi) - \Psi(K\phi)\right) - \sum_{k=1}^{K}\left(\Psi(\widehat{\alpha}_k) - \Psi(\textstyle\sum_{k'=1}^{K}\widehat{\alpha}_{k'})\right) \tag{6.91}$$

$$\frac{\partial F}{\partial \sigma_0^2} = \frac{M}{2}\left(\sigma_0^{-2} - \sigma_0^{-4}\left(\frac{\|\widehat{\boldsymbol{\mu}}_k\|^2}{M} + \widehat{\sigma}_k^2\right)\right) \tag{6.92}$$

が得られます．式 (6.91) において $\frac{\partial F}{\partial \phi} = 0$ とすると停留条件が得られますが，これを ϕ に関して陽に解くことは残念ながらできません．そこで，2 回微分

$$\frac{\partial^2 F}{\partial \phi^2} = K\left(\Psi^{(1)}(\phi) - K\Psi^{(1)}(K\phi)\right) \tag{6.93}$$

に基づいた**ニュートン–ラフソン法 (Newton-Raphson method)**

$$\begin{aligned}\phi^{\mathrm{new}} &= \max\left(+0, \phi^{\mathrm{old}} - \left(\frac{\partial^2 F}{\partial \phi^2}\right)^{-1}\frac{\partial F}{\partial \phi}\right)\\ &= \max\left(+0, \phi^{\mathrm{old}} - \frac{K(\Psi(\phi)-\Psi(K\phi))-\sum_{k=1}^{K}\left(\Psi(\widehat{\alpha}_k)-\Psi(\sum_{k'=1}^{K}\widehat{\alpha}_{k'})\right)}{K\left(\Psi^{(1)}(\phi)-K\Psi^{(1)}(K\phi)\right)}\right)\end{aligned} \tag{6.94}$$

によって ϕ を更新します．ここで，$\Psi_m(z) \equiv \frac{\mathrm{d}^m}{dz^m}\Psi(z)$ は m 次の**ポリガンマ関数 (polygamma function)** です．

事前分散 σ_0^2 は

$$\sigma_0^2 = \frac{\|\widehat{\boldsymbol{\mu}}_k\|^2}{M} + \widehat{\sigma}_k^2 \tag{6.95}$$

ガンマ関数に関して，入力が正の整数のとき

$$\Gamma(n) = (n-1)!$$

が成立します．例えば $\Gamma(30), \Gamma(50)$ はそれぞれ $\Gamma(30) \approx 8.8e^{+30}$, $\Gamma(50) \approx 3.0e^{+64}$ という膨大な数です．

ディリクレ分布を含む確率モデルの自由エネルギー計算において，しばしばガンマ関数の比の対数が登場します．これをそのままガンマ関数の比を計算してから対数をとると，大きな数値誤差あるいはオーバーフローを引き起こします．

この問題を避けるためには，ガンマ関数の比の対数をガンマ関数の対数の差として計算します．例えば混合ガウス分布モデルの自由エネルギー (6.90) を実際に計算する場合には，第 1 項を

$$\log\left(\frac{\Gamma(\sum_{k=1}^{K}\widehat{\alpha}_k)}{\prod_{k=1}^{K}\Gamma(\widehat{\alpha}_k)}\right) = \log\Gamma(\textstyle\sum_{k=1}^{K}\widehat{\alpha}_k) - \sum_{k=1}^{K}\log\Gamma(\widehat{\alpha}_k)$$

のように計算します．ただし，$\log\Gamma(\cdot)$ の計算にはガンマ関数を計算してから対数をとるのではなく，ガンマ関数の対数を直接出力するコマンド（MATLAB では gammaln 関数）を使います．

メモ 6.2　やってはいけない！　ガンマ関数の比の計算

を用いて更新します．式 (6.95) は，式 (6.92) に基いて，停留条件 $\frac{\partial F}{\partial \sigma_0^2} = 0$ を σ_0^2 について陽に解くことによって得られます．

適当な初期値からスタートし，必要に応じて式 (6.87)〜(6.89) を使いながら，式 (6.83)〜(6.86)，式 (6.94) および式 (6.95) を収束するまで繰り返すことによって，経験変分ベイズ学習の局所解が得られます．

アルゴリズム 6.3 に経験変分ベイズ学習アルゴリズムを示します．超パラメータ (ϕ, σ_0^2) の値をあらかじめ適切に設定してステップ 3 を省略すれば，変分ベイズ学習アルゴリズムになります．なお，ステップ 4 において自由エネルギー (6.90) を計算する際には注意が必要です（**メモ 6.2** 参照）．

6.10　潜在的ディリクレ配分モデルの場合

最後に，潜在的ディリクレ分配モデルの変分ベイズ学習を導出します．モデル尤度と事前分布は以下で与えられます．

アルゴリズム 6.3 混合ガウス分布モデルの経験変分ベイズ学習アルゴリズム

1. 変分パラメータ $(\{\widehat{\boldsymbol{z}}^{(n)}\}_{n=1}^{N}, \widehat{\boldsymbol{\alpha}}, \{\widehat{\boldsymbol{\mu}}_k, \widehat{\sigma}_k^2\}_{k=1}^{K})$ と超パラメータ $(\boldsymbol{\phi}, \sigma_0^2)$ を初期化します．
2. 式 (6.87)，式 (6.83)，式 (6.88)，式 (6.89)，式 (6.84)，式 (6.85)，式 (6.86) の順で変分パラメータを更新します．
3. 式 (6.94) および式 (6.95) を用いて超パラメータを更新します．
4. 自由エネルギー (6.90) を計算して前回の値と比較します．減少量が閾値よりも大きければ，ステップ 2〜4 を繰り返します．小さければ収束したと判定してアルゴリズムを終了します．

$$p(\mathcal{D}, \mathcal{H}|\boldsymbol{\Theta}, \boldsymbol{B}) = \prod_{m=1}^{M}\prod_{n=1}^{N^{(m)}}\prod_{h=1}^{H}\left(\Theta_{m,h}\prod_{l=1}^{L}B_{l,h}^{w_l^{(n,m)}}\right)^{z_h^{(n,m)}} \tag{6.96}$$

$$p(\widetilde{\boldsymbol{\theta}}_m|\boldsymbol{\alpha}) = \mathrm{Dir}_H(\widetilde{\boldsymbol{\theta}}_m; \boldsymbol{\alpha}) \tag{6.97}$$

$$p(\boldsymbol{\beta}_h|\boldsymbol{\eta}) = \mathrm{Dir}_L(\boldsymbol{\beta}_h; \boldsymbol{\eta}) \tag{6.98}$$

6.10.1 変分ベイズ学習アルゴリズムの導出

混合ガウス分布モデルの場合と同様，潜在変数 $\mathcal{H} = \{\{\boldsymbol{z}^{(n,m)}\}_{n=1}^{N^{(m)}}\}_{m=1}^{M}$ と未知パラメータ $\boldsymbol{\omega} = (\boldsymbol{\Theta}, \boldsymbol{B})$ 上の近似事後分布 $r(\mathcal{H}, \boldsymbol{\omega})$ を求めます．未知変数を潜在変数とパラメータとに分割することによって条件付き共役性を利用できることを 6.2 節で確認しましたので，以下の問題を解きます．

$$\widehat{r} = \underset{r}{\mathrm{argmin}}\, F(r) \qquad \text{s.t.} \quad r(\mathcal{H}, \boldsymbol{\omega}) = r_{\mathcal{H}}(\mathcal{H})r_{\omega}(\boldsymbol{\omega}) \tag{6.99}$$

この独立性制約のもとで，自由エネルギーは以下のように書けます．

$$\begin{aligned} F(r) &= \left\langle \log \frac{r_{\mathcal{H}}(\mathcal{H})r_{\omega}(\boldsymbol{\omega})}{p(\mathcal{D}, \mathcal{H}|\boldsymbol{\omega})p(\boldsymbol{\omega})} \right\rangle_{r_{\mathcal{H}}(\mathcal{H})r_{\omega}(\boldsymbol{\omega})} \\ &= \sum_{\mathcal{H}} \int r_{\mathcal{H}}(\mathcal{H})r_{\omega}(\boldsymbol{\omega}) \log \frac{r_{\mathcal{H}}(\mathcal{H})r_{\omega}(\boldsymbol{\omega})}{p(\mathcal{D}, \mathcal{H}|\boldsymbol{\omega})p(\boldsymbol{\omega})} d\boldsymbol{\omega} \end{aligned} \tag{6.100}$$

$r_{\mathcal{H}}(\mathcal{H})$ および $r_{\omega}(\boldsymbol{\omega})$ それぞれについて変分法を適用すると，式 (6.15) に相当する停留条件として以下が得られます.

$$r_{\mathcal{H}}(\mathcal{H}) \propto \exp \left\langle \log p(\mathcal{D}, \mathcal{H}|\boldsymbol{\omega}) \right\rangle_{r_{\omega}(\boldsymbol{\omega})} \tag{6.101}$$

$$r_{\omega}(\boldsymbol{\omega}) \propto p(\boldsymbol{\omega}) \exp \left\langle \log p(\mathcal{D}, \mathcal{H}|\boldsymbol{\omega}) \right\rangle_{r_{\mathcal{H}}(\mathcal{H})} \tag{6.102}$$

式 (6.101) にモデル尤度 (6.96) を代入し，潜在変数 $\mathcal{H} = \{\{\boldsymbol{z}^{(n,m)}\}_{n=1}^{N^{(m)}}\}_{m=1}^{M}$ 依存性のみに注目すると，

$$\begin{aligned}
& r_z\left(\{\{\boldsymbol{z}^{(n,m)}\}_{n=1}^{N^{(m)}}\}_{m=1}^{M}\right) \\
& \propto \exp \left\langle \log \prod_{m=1}^{M} \prod_{n=1}^{N^{(m)}} \prod_{h=1}^{H} \left(\Theta_{m,h} \prod_{l=1}^{L} B_{l,h}^{w_l^{(n,m)}} \right)^{z_h^{(n,m)}} \right\rangle_{r_{\Theta,B}(\boldsymbol{\Theta},\boldsymbol{B})} \\
& \propto \prod_{m=1}^{M} \prod_{n=1}^{N^{(m)}} \prod_{h=1}^{H} \exp \left\langle z_h^{(n,m)} \log \left(\Theta_{m,h} \prod_{l=1}^{L} B_{l,h}^{w_l^{(n,m)}} \right) \right\rangle_{r_{\Theta,B}(\boldsymbol{\Theta},\boldsymbol{B})} \\
& \propto \prod_{m=1}^{M} \prod_{n=1}^{N^{(m)}} \prod_{h=1}^{H} \left(\exp \left\langle \log \left(\Theta_{m,h} \prod_{l=1}^{L} B_{l,h}^{w_l^{(n,m)}} \right) \right\rangle_{r_{\Theta,B}(\boldsymbol{\Theta},\boldsymbol{B})} \right)^{z_h^{(n,m)}} \\
& \propto \prod_{m=1}^{M} \prod_{n=1}^{N^{(m)}} \left(\prod_{h=1}^{H} \left(\overline{z}_h^{(n,m)} \right)^{z_h^{(n,m)}} \right)
\end{aligned} \tag{6.103}$$

が得られます．ただし，$\overline{\boldsymbol{z}}_{\boldsymbol{h}}^{(n,m)} \in \mathbb{R}_{++}^{H}$ は

$$\overline{z}_h^{(n,m)} = \exp \left(\left\langle \log \Theta_{m,h} \right\rangle_{r_{\Theta,B}(\boldsymbol{\Theta},\boldsymbol{B})} + \sum_{l=1}^{L} w_l^{(n,m)} \left\langle \log B_{l,h} \right\rangle_{r_{\Theta,B}(\boldsymbol{\Theta},\boldsymbol{B})} \right) \tag{6.104}$$

を満たします.

式 (6.103) より，潜在変数の事後分布が多項分布であることがわかりました.

$$r_z\left(\{\{\boldsymbol{z}^{(n,m)}\}_{n=1}^{N^{(m)}}\}_{m=1}^{M}\right) = \prod_{m=1}^{M} \prod_{n=1}^{N^{(m)}} \mathrm{Multi}_{H,1}\left(\boldsymbol{z}^{(n,m)}; \widehat{\boldsymbol{z}}^{(n,m)}\right) \tag{6.105}$$

ここで，変分パラメータ $\widehat{\boldsymbol{z}}^{(n,m)} \in \Delta^{K-1}$ は

$$\widehat{z}_h^{(n,m)} = \frac{\overline{z}_h^{(n,m)}}{\sum_{h'=1}^{H} \overline{z}_{h'}^{(n,m)}} \tag{6.106}$$

で与えられます．

一方，式 (6.102) にモデル尤度 (6.96) と事前分布 (6.97) および (6.98) を代入して，パラメータ $\boldsymbol{\omega} = (\boldsymbol{\Theta}, \boldsymbol{B})$ 依存性のみに注目すると，

$$\begin{aligned}
&r_{\Theta,B}(\boldsymbol{\Theta}, \boldsymbol{B}) \\
&\quad \propto \left(\prod_{m=1}^{M} \prod_{h=1}^{H} \Theta_{m,h}^{\alpha_h - 1} \right) \left(\prod_{h=1}^{H} \prod_{l=1}^{L} B_{l,h}^{\eta_l - 1} \right) \\
&\cdot \exp \left\langle \log \prod_{m=1}^{M} \prod_{n=1}^{N^{(m)}} \prod_{h=1}^{H} \left(\Theta_{m,h} \prod_{l=1}^{L} B_{l,h}^{w_l^{(n,m)}} \right)^{z_h^{(n,m)}} \right\rangle_{r_z\left(\{\{\boldsymbol{z}^{(n,m)}\}_{n=1}^{N^{(m)}}\}_{m=1}^{M}\right)} \\
&\quad \propto \left(\prod_{m=1}^{M} \prod_{h=1}^{H} \Theta_{m,h}^{\alpha_h - 1} \right) \left(\prod_{h=1}^{H} \prod_{l=1}^{L} B_{l,h}^{\eta_l - 1} \right) \\
&\cdot \exp \left(\left\langle z_h^{(n,m)} \right\rangle_{r_z\left(\{\{\boldsymbol{z}^{(n,m)}\}_{n=1}^{N^{(m)}}\}_{m=1}^{M}\right)} \log \prod_{m=1}^{M} \prod_{n=1}^{N^{(m)}} \prod_{h=1}^{H} \left(\Theta_{m,h} \prod_{l=1}^{L} B_{l,h}^{w_l^{(n,m)}} \right) \right) \\
&\quad \propto \left(\prod_{m=1}^{M} \prod_{h=1}^{H} \Theta_{m,h}^{\alpha_h - 1} \right) \left(\prod_{h=1}^{H} \prod_{l=1}^{L} B_{l,h}^{\eta_l - 1} \right) \\
&\qquad \cdot \prod_{m=1}^{M} \prod_{n=1}^{N^{(m)}} \prod_{h=1}^{H} \left(\Theta_{m,h} \prod_{l=1}^{L} B_{l,h}^{w_l^{(n,m)}} \right)^{\left\langle z_h^{(n,m)} \right\rangle_{r_z\left(\{\{\boldsymbol{z}^{(n,m)}\}_{n=1}^{N^{(m)}}\}_{m=1}^{M}\right)}} \\
&\quad \propto \left(\prod_{m=1}^{M} \prod_{h=1}^{H} \Theta_{m,h}^{\overline{N}_h^{(m)} + \alpha_h - 1} \right) \left(\prod_{h=1}^{H} \prod_{l=1}^{L} B_{l,h}^{\overline{W}_{l,h} + \eta_l - 1} \right)
\end{aligned} \tag{6.107}$$

が得られます．ただし，

$$\overline{N}_h^{(m)} = \sum_{n=1}^{N^{(m)}} \left\langle z_h^{(n,m)} \right\rangle_{r_z\left(\{\{\boldsymbol{z}^{(n,m)}\}_{n=1}^{N^{(m)}}\}_{m=1}^{M}\right)} \tag{6.108}$$

$$\overline{W}_{l,h} = \sum_{m=1}^{M} \sum_{n=1}^{N^{(m)}} w_l^{(n,m)} \left\langle z_h^{(n,m)} \right\rangle_{r_z\left(\{\{\boldsymbol{z}^{(n,m)}\}_{n=1}^{N^{(m)}}\}_{m=1}^{M}\right)} \tag{6.109}$$

です．

式 (6.107) から，変分ベイズ事後分布はパラメータ $\boldsymbol{\Theta}$ および $\boldsymbol{B}$ に関して独立であり，また，$\boldsymbol{\Theta} = (\widetilde{\boldsymbol{\theta}}_1, \ldots, \widetilde{\boldsymbol{\theta}}_M)^\top$ の各行および $\boldsymbol{B} = (\boldsymbol{\beta}_1, \ldots, \boldsymbol{\beta}_H)$ の各列に関して独立なディリクレ分布であることがわかりました．

$$r_{\Theta,B}(\boldsymbol{\Theta}, \boldsymbol{B}) = r_\Theta(\boldsymbol{\Theta}) r_B(\boldsymbol{B}),$$

$$r_\Theta(\boldsymbol{\Theta}) = \prod_{m=1}^{M} \mathrm{Dir}\left(\widetilde{\boldsymbol{\theta}}_m; \widehat{\widetilde{\boldsymbol{\theta}}}_m\right), \tag{6.110}$$

$$r_B(\boldsymbol{B}) = \prod_{h=1}^{H} \mathrm{Dir}\left(\boldsymbol{\beta}_h; \widehat{\boldsymbol{\beta}}_h\right) \tag{6.111}$$

ただし，事後分布を記述する変分パラメータは以下を満たします．

$$\widehat{\Theta}_{m,h} = (\widehat{\widetilde{\boldsymbol{\theta}}}_m)_h = \overline{N}_h^{(m)} + \alpha_h \tag{6.112}$$

$$\widehat{B}_{l,h} = (\widehat{\boldsymbol{\beta}}_h)_l = \overline{W}_{l,h} + \eta_l \tag{6.113}$$

変分ベイズ事後分布 (6.105)，(6.110)，(6.111) が基本的な分布形であることがわかったので，表 5.1 を用いて式 (6.104)，式 (6.108)，式 (6.109) の右辺に含まれる期待値を計算します．

$$\left\langle z_h^{(n,m)} \right\rangle_{r_z\left(\{\{\boldsymbol{z}^{(n,m)}\}_{n=1}^{N^{(m)}}\}_{m=1}^{M}\right)} = \widehat{z}_h^{(n,m)},$$

$$\langle \log \Theta_{m,h} \rangle_{r_{\Theta,B}(\boldsymbol{\Theta},\boldsymbol{B})} = \Psi(\widehat{\Theta}_{m,h}) - \Psi\left(\textstyle\sum_{h'=1}^{H} \widehat{\Theta}_{m,h'}\right),$$

$$\langle \log B_{l,h} \rangle_{r_{\Theta,B}(\boldsymbol{\Theta},\boldsymbol{B})} = \Psi(\widehat{B}_{l,h}) - \Psi\left(\textstyle\sum_{l'=1}^{L} \widehat{B}_{l',h}\right)$$

これらの期待値を用いて得られた結果をまとめると，潜在的ディリクレ配分モデルの変分ベイズ事後分布が以下のように表現できることがわかります．

$$r\left(\{\{\boldsymbol{z}^{(n,m)}\}_{n=1}^{N^{(m)}}\}_{m=1}^{M}, \boldsymbol{\Theta}, \boldsymbol{B}\right) = r_z\left(\{\{\boldsymbol{z}^{(n,m)}\}_{n=1}^{N^{(m)}}\}_{m=1}^{M}\right) r_\Theta(\boldsymbol{\Theta}) r_B(\boldsymbol{B}),$$

$$r_z\left(\{\{\boldsymbol{z}^{(n,m)}\}_{n=1}^{N^{(m)}}\}_{m=1}^{M}\right) = \prod_{m=1}^{M} \prod_{n=1}^{N^{(m)}} \mathrm{Multi}_{H,1}\left(\boldsymbol{z}^{(n,m)}; \widehat{\boldsymbol{z}}^{(n,m)}\right),$$

$$r_\Theta(\boldsymbol{\Theta}) = \prod_{m=1}^{M} \mathrm{Dir}\left(\widetilde{\boldsymbol{\theta}}_m; \widehat{\widetilde{\boldsymbol{\theta}}}_m\right),$$

$$r_B(\boldsymbol{B}) = \prod_{h=1}^{H} \mathrm{Dir}\left(\boldsymbol{\beta}_h; \widehat{\boldsymbol{\beta}}_h\right)$$

ここで，$\{\{\widehat{\boldsymbol{z}}^{(n,m)}\}_{n=1}^{N^{(m)}}\}_{m=1}^{M}$，$\widehat{\boldsymbol{\Theta}}$ および $\widehat{\boldsymbol{B}}$ は変分パラメータであり，以下を満たします．

$$\widehat{z_h}^{(n,m)} = \frac{\overline{z}_h^{(n,m)}}{\sum_{h'=1}^{H} \overline{z}_{h'}^{(n,m)}} \tag{6.114}$$

$$\widehat{\Theta}_{m,h} = \overline{N}_h^{(m)} + \alpha_h \tag{6.115}$$

$$\widehat{B}_{l,h} = \overline{W}_{l,h} + \eta_l \tag{6.116}$$

ただし，

$$\begin{aligned}
\overline{z}_h^{(n,m)} &= \exp\left(\Psi(\widehat{\Theta}_{m,h}) - \Psi(\textstyle\sum_{h'=1}^{H} \widehat{\Theta}_{m,h'})\right. \\
&\qquad \left. + \sum_{l=1}^{L} \left(w_l^{(n,m)} \left(\Psi(\widehat{B}_{l,h}) - \Psi(\textstyle\sum_{l'=1}^{L} \widehat{B}_{l',h})\right)\right)\right) \\
&= \exp\left(\Psi(\widehat{\Theta}_{m,h}) + \mathrm{const.}\right. \\
&\qquad \left. + \sum_{l=1}^{L} \left(w_l^{(n,m)} \left(\Psi(\widehat{B}_{l,h}) - \Psi(\textstyle\sum_{l'=1}^{L} \widehat{B}_{l',h})\right)\right)\right)
\end{aligned} \tag{6.117}$$

$$\overline{N}_h^{(m)} = \sum_{n=1}^{N^{(m)}} \widehat{z}_h^{(n,m)} \tag{6.118}$$

$$\overline{W}_{l,h} = \sum_{m=1}^{M} \sum_{n=1}^{N^{(m)}} w_l^{(n,m)} \widehat{z}_h^{(n,m)} \tag{6.119}$$

です．

必要に応じて式 (6.117)〜(6.119) を使いながら式 (6.114)〜(6.116) によって変分パラメータを収束するまで更新すれば，変分ベイズ学習の局所解を求めることができます．

なお，式 (6.117) に含まれる const. は式 (6.114) に影響を与えません．したがって 0 に置き換えて計算します．

6.10.2 変分パラメータの関数としての自由エネルギー

式 (6.105)，式 (6.110)，式 (6.111) を式 (6.100) に代入することによって，自由エネルギーを変分パラメータ $\{\{\boldsymbol{z}^{(n,m)}\}_{n=1}^{N^{(m)}}\}_{m=1}^{M}, \widehat{\boldsymbol{\Theta}}, \widehat{\boldsymbol{B}}$ の関数として陽に書き表せます．

$$
\begin{aligned}
F &= \left\langle \log \frac{r_{\mathcal{H}}(\mathcal{H}) r_{\omega}(\boldsymbol{\omega})}{p(\boldsymbol{\omega})} \right\rangle_{r_{\mathcal{H}}(\mathcal{H}) r_{\omega}(\boldsymbol{\omega})} - \langle \log p(\mathcal{D}, \mathcal{H} | \boldsymbol{\omega}) \rangle_{r_{\mathcal{H}}(\mathcal{H}) r_{\omega}(\boldsymbol{\omega})} \\
&= \sum_{m=1}^{M} \left(\log \left(\frac{\Gamma(\sum_{h=1}^{H} \widehat{\Theta}_{m,h})}{\prod_{h=1}^{H} \Gamma(\widehat{\Theta}_{m,h})} \right) - \log \left(\frac{\Gamma(\sum_{h=1}^{H} \alpha_h)}{\prod_{h=1}^{H} \Gamma(\alpha_h)} \right) \right) \\
&\quad + \sum_{h=1}^{H} \left(\log \left(\frac{\Gamma(\sum_{l=1}^{L} \widehat{B}_{l,h})}{\prod_{l=1}^{L} \Gamma(\widehat{B}_{l,h})} \right) - \log \left(\frac{\Gamma(\sum_{l=1}^{L} \eta_l)}{\prod_{l=1}^{L} \Gamma(\eta_l)} \right) \right) \\
&\quad + \sum_{m=1}^{M} \sum_{h=1}^{H} \left(\widehat{\Theta}_{m,h} - (\overline{N}_h^{(m)} + \alpha_h) \right) \left(\Psi(\widehat{\Theta}_{m,h}) - \Psi(\textstyle\sum_{h'=1}^{H} \widehat{\Theta}_{m,h'}) \right) \\
&\quad + \sum_{h=1}^{H} \sum_{l=1}^{L} \left(\widehat{B}_{l,h} - (\overline{W}_{l,h} + \eta_l) \right) \left(\Psi(\widehat{B}_{l,h}) - \Psi(\textstyle\sum_{l'=1}^{L} \widehat{B}_{l',h}) \right) \\
&\quad + \sum_{m=1}^{M} \sum_{n=1}^{N^{(m)}} \sum_{h=1}^{H} \widehat{z}_h^{(n,m)} \log \widehat{z}_h^{(n,m)}
\end{aligned}
\tag{6.120}
$$

この表現を用いて，超パラメータを推定することができます．

6.10.3 経験変分ベイズ学習アルゴリズムの導出

自由エネルギー (6.120) を超パラメータ $\boldsymbol{\kappa} = (\boldsymbol{\alpha}, \boldsymbol{\eta})$ で偏微分すると，

$$
\begin{aligned}
\frac{\partial F}{\partial \alpha_h} &= M \left(\Psi(\alpha_h) - \Psi(\textstyle\sum_{h'=1}^{H} \alpha_{h'}) \right) \\
&\qquad - \sum_{m=1}^{M} \left(\Psi(\widehat{\Theta}_{m,h}) - \Psi(\textstyle\sum_{h'=1}^{H} \widehat{\Theta}_{m,h'}) \right)
\end{aligned}
\tag{6.121}
$$

$$\frac{\partial^2 F}{\partial \alpha_h \partial \alpha_{h'}} = M \left(\delta_{h,h'} \Psi^{(1)}(\alpha_h) - \Psi^{(1)}(\textstyle\sum_{h''=1}^{H} \alpha_{h''}) \right) \tag{6.122}$$

$$\frac{\partial F}{\partial \eta_l} = H \left(\Psi(\eta_l) - \Psi(\textstyle\sum_{l'=1}^{L} \eta_{l'}) \right) - \sum_{h=1}^{H} \left(\Psi(\widehat{B}_{l,h}) - \Psi(\textstyle\sum_{l'=1}^{L} \widehat{B}_{l',h}) \right) \tag{6.123}$$

$$\frac{\partial^2 F}{\partial \eta_l \partial \eta_{l'}} = H \left(\delta_{l,l'} \Psi^{(1)}(\eta_l) - \Psi^{(1)}(\textstyle\sum_{l''=1}^{L} \eta_{l''}) \right) \tag{6.124}$$

が得られます．ここで，$\delta_{n,n'}$ は**クロネッカーデルタ (Kronecker delta)** です．

これらに基いたニュートン–ラフソン法

$$\boldsymbol{\alpha}^{\mathrm{new}} = \mathbf{max} \left(+\mathbf{0}, \boldsymbol{\alpha}^{\mathrm{old}} - \left(\frac{\partial^2 F}{\partial \boldsymbol{\alpha} \partial \boldsymbol{\alpha}^{\top}} \right)^{-1} \frac{\partial F}{\partial \boldsymbol{\alpha}} \right) \tag{6.125}$$

$$\boldsymbol{\eta}^{\mathrm{new}} = \mathbf{max} \left(+\mathbf{0}, \boldsymbol{\eta}^{\mathrm{old}} - \left(\frac{\partial^2 F}{\partial \boldsymbol{\eta} \partial \boldsymbol{\eta}^{\top}} \right)^{-1} \frac{\partial F}{\partial \boldsymbol{\eta}} \right) \tag{6.126}$$

を用いて超パラメータを更新できます．ここで，$\frac{\partial F}{\partial \boldsymbol{x}}$ および $\frac{\partial^2 F}{\partial \boldsymbol{x} \partial \boldsymbol{x}^{\top}}$ はそれぞれ F の $\boldsymbol{x} \in \mathbb{R}^D$ に関する**勾配 (gradient)** および**ヘシアン (Hessian)** であり，$\mathbf{max}(\cdot)$ はベクトルの成分ごとに作用します．すなわち，

$$\left(\frac{\partial F}{\partial \boldsymbol{x}} \right)_d = \frac{\partial F}{\partial x_d},$$

$$\left(\frac{\partial^2 F}{\partial \boldsymbol{x} \partial \boldsymbol{x}^{\top}} \right)_{d,d'} = \frac{\partial^2 F}{\partial x_d \partial x_{d'}},$$

$$(\mathbf{max}(\boldsymbol{x}, \boldsymbol{y}))_d = \max(x_d, y_d)$$

となります．

適当な初期値からスタートし，必要に応じて式 (6.117)〜(6.119) を使いながら，式 (6.114)〜(6.116)，式 (6.125) および式 (6.126) を収束するまで繰り返すことによって，経験変分ベイズ学習の局所解が求まります．

アルゴリズム 6.4 に潜在的ディリクレ配分モデルの経験変分ベイズ学習アルゴリズムを示します．超パラメータ $(\boldsymbol{\alpha}, \boldsymbol{\eta})$ の値をあらかじめ適切に設定

してステップ3を省略すれば，変分ベイズ学習アルゴリズムになります．

アルゴリズム 6.4　潜在的ディリクレ配分モデルの経験変分ベイズ学習アルゴリズム

1. 変分パラメータ $(\{\{\boldsymbol{z}^{(n,m)}\}_{n=1}^{N^{(m)}}\}_{m=1}^{M}, \widehat{\boldsymbol{\Theta}}, \widehat{\boldsymbol{B}})$ と超パラメータ $(\boldsymbol{\alpha}, \boldsymbol{\eta})$ を初期化します．
2. 式 (6.117)，式 (6.114)，式 (6.118)，式 (6.119)，式 (6.115)，式 (6.116) の順で変分パラメータを更新します．
3. 式 (6.125) および式 (6.126) を用いて超パラメータを更新します．
4. 自由エネルギー (6.120) を計算して前回の値と比較します．減少量が閾値よりも大きければ，ステップ 2〜4 を繰り返します．小さければ収束したと判定してアルゴリズムを終了します．

識別モデル (**classification model**) を構成する際によく利用される**ロジスティック関数** (**logistic function**) をモデル尤度に含む確率モデルでは，条件付き共役性に基づいた変分ベイズ学習を用いることができません．例えば入力 $\boldsymbol{x} \in \mathbb{R}^M$ に対して出力 $y = \{-1, 1\}$ を出力するロジスティック回帰モデルは以下で与えられます．

$$p(y|\boldsymbol{x}, \boldsymbol{w}) = \psi(y \cdot \boldsymbol{w}^\top \boldsymbol{x}) \quad \text{ただし} \quad \psi(z) = \frac{1}{1 + \exp(-z)}$$

N 個のサンプル $\mathcal{D} = \{(\boldsymbol{x}^{(1)}, y^{(1)}), \ldots, (\boldsymbol{x}^{(N)}, y^{(N)})\}$ に対するモデル尤度は

$$p(\mathcal{D}|\boldsymbol{\omega}) = \prod_{n=1}^{N} p(y^{(n)}|\boldsymbol{x}^{(n)}, \boldsymbol{\omega}) = \prod_{n=1}^{N} \psi(y^{(n)} \cdot \boldsymbol{w}^\top \boldsymbol{x}^{(n)})$$

となりますが，この関数を $\boldsymbol{w}$ について積分するのは困難です．このような場合には，近似事後分布の関数形を基本的な分布（例えばガウス分布）に制限する方法が用いられます．ただし，たとえ近似事後分布 $r(\boldsymbol{\omega})$ をガウス分布に制限したとしても，$\langle p(\mathcal{D}|\boldsymbol{\omega}) \rangle_{r(\boldsymbol{\omega})}$ の評価は依然として困難なので，さらなる近似を必要とします．

メモ 6.3　条件付き共役性が利用できない確率モデル

Chapter 7

変分ベイズ学習の性質

変分ベイズ学習はあくまで近似法ですので，ベイズ学習の特長がすべて継承されているという保証はありません．しかし，モデル選択能力や過学習しにくさの点で変分ベイズ学習の有用性は実験的に確認され，多くのアプリケーションに応用されています．一方，実験的成功を裏付ける理論解析結果も報告されており，変分ベイズ学習の振る舞いが徐々に解明されつつあります．本章では，現在知られている理論結果に基づいて，変分ベイズ学習の性質について議論します．

7.1　非漸近理論と漸近理論

変分ベイズ学習は，パラメータ間の独立性のみを仮定することによって，事後分布の関数形を限定することなく期待値計算を可能にするエレガントな手法であるといえます．しかし，実際に独立性が仮定される変数は本来強い相関を持つパラメータ（あるいはパラメータと潜在変数）であり，また，独立性制約によって事後分布はガウス分布やディリクレ分布のような基本的な関数形を持つ分布になります．すなわち，我々は関数形を限定することなく近似を行ったというよりも，独立性の仮定が関数形を限定するほど強いものであったという見方もできます．

そのような強い制約を課した近似の影響は決して小さいものではないと予想されますが，実際にはモデル選択や過学習などの学習性能に関する変分ベイズ学習のよい振る舞いが実験的に観測され，多くのアプリケーションに応用されてきました．本章では，これらの実験的成功を裏付けるために行われてきた理論解析結果をいくつか紹介します．

これまでに知られている変分ベイズ学習に関する理論成果は，非漸近理論と漸近理論の 2 つに分けられます．**非漸近理論**は，欠損値のない行列分解モデルとそれに類似の双線型モデルに限定的に適用された，有限個の観測データのもとで成立する理論であり，大域解法の発見，疎性を誘起する相転移現象の解明，ベイズ学習との振る舞いの比較およびモデル選択（超パラメータ推定）性能の理論的保証などが主な成果です．一方，**漸近理論**は潜在変数を含む確率モデルを中心に多くの確率モデルに適用された，大サンプル極限での変分ベイズ自由エネルギーの振る舞いを評価する理論であり，ベイズ事後分布への近似誤差評価および超パラメータに関する変分ベイズ解の相転移現象の解明などが主な成果です．

7.2 節および 7.3 節にて，行列分解モデルにおける非漸近理論および混合ガウス分布モデルにおける漸近理論を紹介しながら，変分ベイズ学習の性質について考察します．なお，理論結果が導出される流れについては大まかに説明しますが，証明の詳細は省略します．証明に興味のある読者は，各箇所にて引用した参考文献を参照してください．

7.2　行列分解モデルにおける変分ベイズ学習の非漸近理論

はじめに，欠損値のない行列分解モデルの変分ベイズ学習についてまとめておきます．観測行列 $\boldsymbol{V} \in \mathbb{R}^{L \times M}$ に対するモデル分布と，未知パラメータ $\boldsymbol{A} \in \mathbb{R}^{M \times H}$ および $\boldsymbol{B} \in \mathbb{R}^{L \times H}$（ただし $H \leq \min(L, M)$）に対する事前分布として以下を考えます．

$$p(\boldsymbol{V}|\boldsymbol{A}, \boldsymbol{B}) \propto \exp\left(-\frac{1}{2\sigma^2}\|\boldsymbol{V} - \boldsymbol{B}\boldsymbol{A}^\top\|_{\mathrm{Fro}}^2\right) \tag{7.1}$$

$$p(\boldsymbol{A}) \propto \exp\left(-\frac{1}{2}\mathrm{tr}\left(\boldsymbol{A}\boldsymbol{C}_A^{-1}\boldsymbol{A}^\top\right)\right) \tag{7.2}$$

$$p(\boldsymbol{B}) \propto \exp\left(-\frac{1}{2}\mathrm{tr}\left(\boldsymbol{B}\boldsymbol{C}_B^{-1}\boldsymbol{B}^\top\right)\right) \tag{7.3}$$

ただし，事前共分散行列

$$\boldsymbol{C}_A = \mathbf{diag}(c_{a_1}^2, \ldots, c_{a_H}^2),$$
$$\boldsymbol{C}_B = \mathbf{diag}(c_{b_1}^2, \ldots, c_{b_H}^2)$$

は対角行列であり，ノイズ分散 σ^2 とともに超パラメータとして扱います．本章では，記述を簡略化するために $L \leq M$ を仮定します．$L > M$ である場合には $\boldsymbol{V}^\top$ を $\boldsymbol{V}$ と取り直せばよいので，この仮定は一般性を失いません．また，$\boldsymbol{C}_A\boldsymbol{C}_B$ の対角成分は h に関して非増加であるとします．すなわち，任意の $h < h'$ なる組に対して $c_{a_h}c_{b_h} \geq c_{a_{h'}}c_{b_{h'}}$ が成立すると仮定します．この仮定が成立しない場合には，成立するように $h = 1, \ldots, H$ の成分を並べ替えればよいので，やはり一般性を失いません．

6.7 節にて示したように，独立性制約

$$r(\boldsymbol{A}, \boldsymbol{B}) = r_A(\boldsymbol{A}) r_B(\boldsymbol{B}) \tag{7.4}$$

のもとで変分ベイズ事後分布はガウス分布

$$r_A(\boldsymbol{A}) \propto \exp\left(-\frac{\mathrm{tr}\left((\boldsymbol{A} - \widehat{\boldsymbol{A}})\widehat{\boldsymbol{\Sigma}}_A^{-1}(\boldsymbol{A} - \widehat{\boldsymbol{A}})^\top\right)}{2}\right) \tag{7.5}$$

$$r_B(\boldsymbol{B}) \propto \exp\left(-\frac{\mathrm{tr}\left((\boldsymbol{B} - \widehat{\boldsymbol{B}})\widehat{\boldsymbol{\Sigma}}_B^{-1}(\boldsymbol{B} - \widehat{\boldsymbol{B}})^\top\right)}{2}\right) \tag{7.6}$$

となり，その変分パラメータである平均と共分散は，自由エネルギー

$$\begin{aligned} 2F = {} & LM\log(2\pi\sigma^2) + \frac{\left\|\boldsymbol{V} - \widehat{\boldsymbol{B}}\widehat{\boldsymbol{A}}^\top\right\|_{\mathrm{Fro}}^2}{\sigma^2} + M\log\frac{|\boldsymbol{C}_A|}{|\widehat{\boldsymbol{\Sigma}}_A|} + L\log\frac{|\boldsymbol{C}_B|}{|\widehat{\boldsymbol{\Sigma}}_B|} \\ & - (L+M)H + \mathrm{tr}\left\{\boldsymbol{C}_A^{-1}\left(\widehat{\boldsymbol{A}}^\top\widehat{\boldsymbol{A}} + M\widehat{\boldsymbol{\Sigma}}_A\right) + \boldsymbol{C}_B^{-1}\left(\widehat{\boldsymbol{B}}^\top\widehat{\boldsymbol{B}} + L\widehat{\boldsymbol{\Sigma}}_B\right)\right. \\ & \left. + \sigma^{-2}\left(-\widehat{\boldsymbol{A}}^\top\widehat{\boldsymbol{A}}\widehat{\boldsymbol{B}}^\top\widehat{\boldsymbol{B}} + \left(\widehat{\boldsymbol{A}}^\top\widehat{\boldsymbol{A}} + M\widehat{\boldsymbol{\Sigma}}_A\right)\left(\widehat{\boldsymbol{B}}^\top\widehat{\boldsymbol{B}} + L\widehat{\boldsymbol{\Sigma}}_B\right)\right)\right\} \end{aligned} \tag{7.7}$$

の最小化問題

$$\begin{aligned} \text{Given} \quad & \boldsymbol{C}_A, \boldsymbol{C}_A \in \mathbb{D}_{++}^H, \quad \sigma^2 \in \mathbb{R}_{++}, \\ \min_{\widehat{\boldsymbol{A}}, \widehat{\boldsymbol{B}}, \widehat{\boldsymbol{\Sigma}}_A, \widehat{\boldsymbol{\Sigma}}_B} \quad & F \end{aligned} \tag{7.8}$$

$$\text{s.t.} \quad \widehat{\boldsymbol{A}} \in \mathbb{R}^{M \times H}, \widehat{\boldsymbol{B}} \in \mathbb{R}^{L \times H}, \quad \widehat{\boldsymbol{\Sigma}}_A, \widehat{\boldsymbol{\Sigma}}_B \in \mathbb{S}_{++}^H$$

の解となります．解は停留点であることを示すことができ [6]，以下の停留条件を満たします．

$$\widehat{\boldsymbol{A}} = \sigma^{-2} \boldsymbol{V}^\top \widehat{\boldsymbol{B}} \widehat{\boldsymbol{\Sigma}}_A \tag{7.9}$$

$$\widehat{\boldsymbol{\Sigma}}_A = \sigma^2 \left(\widehat{\boldsymbol{B}}^\top \widehat{\boldsymbol{B}} + L \widehat{\boldsymbol{\Sigma}}_B + \sigma^2 \boldsymbol{C}_A^{-1} \right)^{-1} \tag{7.10}$$

$$\widehat{\boldsymbol{B}} = \sigma^{-2} \boldsymbol{V} \widehat{\boldsymbol{A}} \widehat{\boldsymbol{\Sigma}}_B \tag{7.11}$$

$$\widehat{\boldsymbol{\Sigma}}_B = \sigma^2 \left(\widehat{\boldsymbol{A}}^\top \widehat{\boldsymbol{A}} + M \widehat{\boldsymbol{\Sigma}}_A + \sigma^2 \boldsymbol{C}_B^{-1} \right)^{-1} \tag{7.12}$$

7.2.1 変分ベイズ大域解

観測行列の特異値分解が

$$\boldsymbol{V} = \sum_{h=1}^{L} \gamma_h \boldsymbol{\omega}_{b_h} \boldsymbol{\omega}_{a_h}^\top$$

で与えられるとします．すなわち，$\gamma_h \geq 0$ は h 番目に大きい $\boldsymbol{V}$ の特異値であり，$\boldsymbol{\omega}_{a_h} \in \mathbb{R}^M$ および $\boldsymbol{\omega}_{b_h} \in \mathbb{R}^L$ は対応する右および左特異ベクトルです．

自由エネルギー (7.7) が一見複雑な形をしているので，最小化問題 (7.8) の大域解を求めるのは困難にみえますが，実は以下のことが示せます．

補題 7.1

大域解の事後共分散 $\widehat{\boldsymbol{\Sigma}}_A$ および $\widehat{\boldsymbol{\Sigma}}_B$ は対角である [8]*1.

---

*1 厳密には非対角な共分散を持つ大域解が，対角共分散を持つ大域解とともに存在する場合もありますが，両者は**等価**（同じ自由エネルギーおよび推定結果 $\widehat{\boldsymbol{B}}\widehat{\boldsymbol{A}}^\top$ を与える）なので，対角な解のみに注目することができます．

補題 7.2

$\widehat{\boldsymbol{B}}\widehat{\boldsymbol{A}}^\top$ は縮小特異値分解の形をしている [8]．すなわち，

$$\widehat{\boldsymbol{U}}^{\mathrm{VB}} = \widehat{\boldsymbol{B}}\widehat{\boldsymbol{A}}^\top = \sum_{h=1}^{H} \widehat{\gamma}_h^{\mathrm{VB}} \boldsymbol{\omega}_{b_h} \boldsymbol{\omega}_{a_h}^\top$$

となる．ただし，$0 \leq \widehat{\gamma}_h^{\mathrm{VB}} < \gamma_h$ である．

補題 7.1 および補題 7.2 より，変分パラメータ $(\widehat{\boldsymbol{A}}, \widehat{\boldsymbol{B}}, \widehat{\boldsymbol{\Sigma}}_A, \widehat{\boldsymbol{\Sigma}}_B)$ を $H \times 4$ 個のパラメータ $\{\widehat{a}_h, \widehat{b}_h, \widehat{\sigma}_{a_h}^2, \widehat{\sigma}_{b_h}^2\}_{h=1}^H$ で書き表すことができます．

$$\widehat{\boldsymbol{A}} = (\widehat{\boldsymbol{a}}_1, \ldots, \widehat{\boldsymbol{a}}_H) = (\widehat{a}_1 \boldsymbol{\omega}_{a_1}, \ldots, \widehat{a}_H \boldsymbol{\omega}_{a_H}) \tag{7.13}$$

$$\widehat{\boldsymbol{B}} = (\widehat{\boldsymbol{b}}_1, \ldots, \widehat{\boldsymbol{b}}_H) = (\widehat{b}_1 \boldsymbol{\omega}_{b_1}, \ldots, \widehat{b}_H \boldsymbol{\omega}_{b_H}) \tag{7.14}$$

$$\widehat{\boldsymbol{\Sigma}}_A = \mathbf{Diag}\left(\widehat{\sigma}_{a_1}^2, \ldots, \widehat{\sigma}_{a_H}^2\right) \tag{7.15}$$

$$\widehat{\boldsymbol{\Sigma}}_B = \mathbf{Diag}\left(\widehat{\sigma}_{b_1}^2, \ldots, \widehat{\sigma}_{b_H}^2\right) \tag{7.16}$$

新しい変分パラメータ $\{\widehat{a}_h, \widehat{b}_h, \widehat{\sigma}_{a_h}^2, \widehat{\sigma}_{b_h}^2\}_{h=1}^H$ を用いて自由エネルギー (7.7) を書き直すと，その主要部分が特異成分ごとに分解できることがわかります．

$$2F = LM \log(2\pi\sigma^2) + \frac{\sum_{h=1}^{L} \gamma_h^2}{\sigma^2} - H(L+M) + \sum_{h=1}^{H} 2F_h \tag{7.17}$$

ただし，

$$2F_h = M \log \frac{c_{a_h}^2}{\widehat{\sigma}_{a_h}^2} + L \log \frac{c_{b_h}^2}{\widehat{\sigma}_{b_h}^2} + \frac{\widehat{a}_h^2 + M\widehat{\sigma}_{a_h}^2}{c_{a_h}^2} + \frac{\widehat{b}_h^2 + L\widehat{\sigma}_{b_h}^2}{c_{b_h}^2} + \frac{-2\widehat{a}_h \widehat{b}_h \gamma_h + \left(\widehat{a}_h^2 + M\widehat{\sigma}_{a_h}^2\right)\left(\widehat{b}_h^2 + L\widehat{\sigma}_{b_h}^2\right)}{\sigma^2} \tag{7.18}$$

です．

自由エネルギー (7.17) の変分パラメータ依存性はすべて第 4 項に含まれており，また，各 F_h は第 h 成分にしか依存しません．したがって，各 F_h を 4 変数 $\{\widehat{a}_h, \widehat{b}_h, \widehat{\sigma}_{a_h}^2, \widehat{\sigma}_{b_h}^2\}$ に関して独立に最小化することができます．

したがって，停留条件 (7.9)〜(7.12) は

$$\widehat{a}_h = \frac{\widehat{\sigma}_{a_h}^2}{\sigma^2}\gamma_h \widehat{b}_h \tag{7.19}$$

$$\widehat{b}_h = \frac{\widehat{\sigma}_{b_h}^2}{\sigma^2}\gamma_h \widehat{a}_h \tag{7.20}$$

$$\widehat{\sigma}_{a_h}^2 = \sigma^2 \left(\widehat{b}_h^2 + L\widehat{\sigma}_{b_h}^2 + \frac{\sigma^2}{c_{a_h}^2} \right)^{-1} \tag{7.21}$$

$$\widehat{\sigma}_{b_h}^2 = \sigma^2 \left(\widehat{a}_h^2 + M\widehat{\sigma}_{a_h}^2 + \frac{\sigma^2}{c_{b_h}^2} \right)^{-1} \tag{7.22}$$

となりますが，これは連立多項式方程式に容易に変換できます．

多少手間はかかりますが，連立方程式のすべての可能な解を求めて，それらの自由エネルギーを評価することにより，大域解が解析的に求まります．

定理 7.1

独立性制約 (7.4) のもとで，行列分解モデル (7.1)〜(7.3) の変分ベイズ解は以下で与えられる [9]．

$$\widehat{\boldsymbol{U}}^{\mathrm{VB}} = \sum_{h=1}^{H} \widehat{\gamma}_h^{\mathrm{VB}} \boldsymbol{\omega}_{b_h} \boldsymbol{\omega}_{a_h}^{\top}, \quad \widehat{\gamma}_h^{\mathrm{VB}} = \begin{cases} \breve{\gamma}_h^{\mathrm{VB}} & \text{if } \gamma_h \geq \underline{\gamma}_h^{\mathrm{VB}} \\ 0 & \text{otherwise} \end{cases} \tag{7.23}$$

ただし，

$$\underline{\gamma}_h^{\mathrm{VB}} = \sigma \sqrt{\frac{(L+M)}{2} + \frac{\sigma^2}{2c_{a_h}^2 c_{b_h}^2} + \sqrt{\left(\frac{(L+M)}{2} + \frac{\sigma^2}{2c_{a_h}^2 c_{b_h}^2} \right)^2 - LM}} \tag{7.24}$$

$$\breve{\gamma}_h^{\mathrm{VB}} = \gamma_h \left(1 - \frac{\sigma^2}{2\gamma_h^2} \left(M + L + \sqrt{(M-L)^2 + \frac{4\gamma_h^2}{c_{a_h}^2 c_{b_h}^2}} \right) \right) \tag{7.25}$$

式 (7.23) が示すように，変分ベイズ解は縮小特異値分解であり，その推定特異値 $\widehat{\gamma}_h^{\mathrm{VB}}$ は観測特異値 γ_h が閾値 (7.24) よりも小さいときは 0，大きいと

きは縮小推定値 (7.25) になります．変分ベイズ解が特異成分単位で疎になるのはこの閾値現象によります．

変分ベイズ事後分布は，以下の定理によって完全に記述されます．

定理 7.2

変分ベイズ事後分布は $r(\boldsymbol{A},\boldsymbol{B}) = r_A(\boldsymbol{A})r_B(\boldsymbol{B})$ で与えられる．ただし，$r_A(\boldsymbol{A})$ および $r_B(\boldsymbol{B})$ はそれぞれ式 (7.5) および式 (7.6) で与えられ，変分パラメータは式 (7.13)〜(7.16) を通して以下で与えられる [9]．

- $\gamma_h > \underline{\gamma}_h^{\mathrm{VB}}$ のとき

$$\widehat{a}_h = \pm\sqrt{\breve{\gamma}_h^{\mathrm{VB}}\widehat{\delta}_h}, \quad \widehat{b}_h = \pm\sqrt{\frac{\breve{\gamma}_h^{\mathrm{VB}}}{\widehat{\delta}_h}}, \quad \widehat{\sigma}_{a_h}^2 = \frac{\sigma^2\widehat{\delta}_h}{\gamma_h},$$

$$\widehat{\sigma}_{b_h}^2 = \frac{\sigma^2}{\gamma_h\widehat{\delta}_h} \tag{7.26}$$

ただし $\quad \widehat{\delta}_h \left(\equiv \frac{\widehat{a}_h}{\widehat{b}_h}\right) = \frac{c_{a_h}}{\sigma^2}\left(\gamma_h - \breve{\gamma}_h^{\mathrm{VB}} - \frac{L\sigma^2}{\gamma_h}\right)$

- $\gamma_h \leq \underline{\gamma}_h^{\mathrm{VB}}$ のとき

$$\widehat{\sigma}_{b_h}^2 = 0, \quad \widehat{b}_h = 0, \quad \widehat{\sigma}_{a_h}^2 = c_{a_h}^2\left(1 - \frac{L\widehat{\zeta}_h}{\sigma^2}\right),$$

$$\widehat{\sigma}_{b_h}^2 = c_{b_h}^2\left(1 - \frac{M\widehat{\zeta}_h}{\sigma^2}\right) \tag{7.27}$$

ただし

$$\widehat{\zeta}_h \left(\equiv \widehat{\sigma}_{a_h}^2\widehat{\sigma}_{b_h}^2\right) = \frac{\sigma^2\left(L + M + \frac{\sigma^2}{c_{a_h}^2c_{b_h}^2} - \sqrt{\left(L + M + \frac{\sigma^2}{c_{a_h}^2c_{b_h}^2}\right)^2 - 4LM}\right)}{2LM}$$

定理 7.2 を用いて，7.2.2 項にて変分ベイズ事後分布の振る舞いを詳細に議論します．

7.2.2 事後分布の振る舞い

ベイズ事後分布と変分ベイズ事後分布の振る舞いを図示するために，$L = M = H = \sigma^2 = 1$ の場合を考えます．すなわち，$\boldsymbol{V}$，$\boldsymbol{U}$，$\boldsymbol{A}$ および $\boldsymbol{B}$ がすべてスカラーであるスカラー分解モデルです．

$$p(V|A,B) \propto \exp\left(-\frac{(V-BA)^2}{2}\right) \tag{7.28}$$

$$p(A) \propto \exp\left(-\frac{A^2}{2c_a^2}\right) \tag{7.29}$$

$$p(B) \propto \exp\left(-\frac{B^2}{2c_b^2}\right) \tag{7.30}$$

ベイズ事後分布は

$$p(A,B|V) \propto p(V,A,B) = \exp\left(-\frac{(V-BA)^2}{2} - \frac{A^2}{2c_a^2} - \frac{B^2}{2c_b^2}\right) \tag{7.31}$$

と書けるので，適当な比例定数を設定することによってその形を図示できます．変分ベイズ事後分布は定理 7.2 を用いて計算します．

図 7.1 に，事前分布がほぼ平坦 ($c_a^2 = c_b^2 = 10000$) な場合の（規格化されていない）ベイズ事後分布（上段）と変分ベイズ事後分布（下段）を示しました．各列は左から，観測値が $V = 0, 1, 2$ の場合に対応します．

$V = 0$ のとき，ベイズ事後分布（左上）は軸上に対称な峰を持ち，原点でピーク（事後確率最大推定量）をとります ($\widehat{U}^{\mathrm{MAP}} = 0$)．これを近似する変分ベイズ事後分布（左下）は，原点にピーク（変分ベイズ推定量）を持つガウス分布です．

$V = 1$ のとき，ベイズ事後分布（中上）のピークは第 1 象限 $(A, B > 0)$ と第 3 象限 $(A, B < 0)$ にそれぞれ 1 つずつ存在します．このとき，A, B 間の独立性を課された変分ベイズ事後分布（中下）は第 1〜3 象限方向に延びることができないので，原点でピークをとるガウス分布のままです．原点を通る 2 つのピーク間に存在する峰の影響で，$V = 0$ のときとまったく同じ分布が自由エネルギーを最小にするのです．

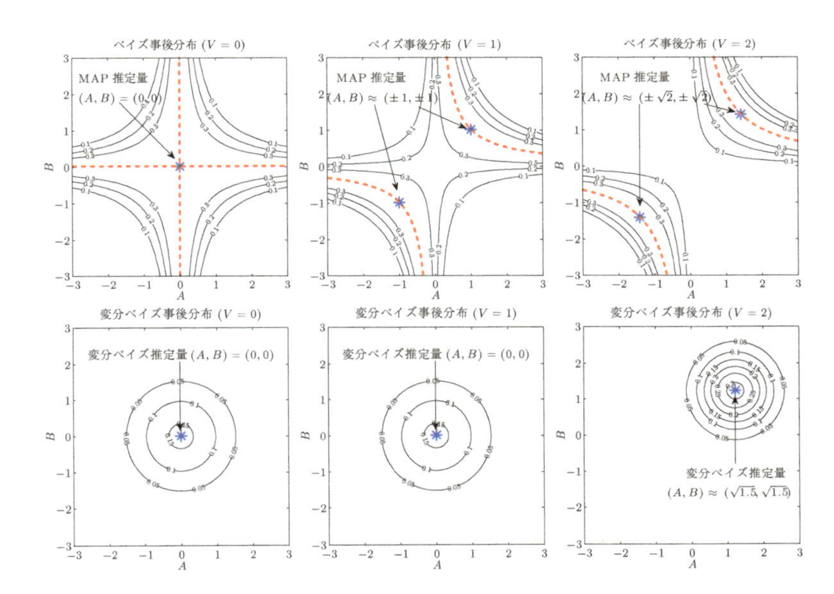

図 7.1 ベイズ事後分布と変分ベイズ事後分布．赤の破線は最尤推定量（$c_a^2 = c_b^2 \to \infty$ の場合の最大点集合），$*$ は事後確率最大化推定量を示しています．

$V = 2$ のとき，ベイズ事後分布（右上）のピークは互いに遠ざかって原点での確率値が小さくなります．このとき，変分事後分布（右下）はいずれか一方のピークを近似すべく原点を離れます．原点対称の位置 $(A, B) \approx (-\sqrt{1.5}, -\sqrt{1.5})$ に中心を持つガウス分布も自由エネルギーを最小化する等価な解であることに注意してください．

実は $c_a c_b \to \infty$ のとき，閾値 (7.24) は $\underline{\gamma}^{\mathrm{VB}} = 1$ となります．このことは，観測値の絶対値 $|V|$ が $\underline{\gamma}^{\mathrm{VB}} = 1$ を超えた時点で変分ベイズ事後分布が原点から離れることに対応しています．このような相転移現象によって，変分ベイズ事後分布のピーク（変分ベイズ推定量）はベイズ事後分布のピーク（事後確率最大化推定量）よりも遅いタイミングで原点から離れます．このメカニズムが，変分ベイズ解が特異成分単位で疎になる傾向にあることを理論的に説明します．

図 7.1 を眺めると，もともと強い相関のある変数間に独立性を仮定する変分ベイズ学習はかなり荒い近似であるという印象を受けるのではないでしょ

うか？ このことは，変分ベイズ学習を単に「ベイズ学習の近似であるから性能がよいはず」と考えるのは妥当でない可能性を示唆します．このような動機付けによって行われた，変分ベイズ学習のモデル選択性能を直接理論的に評価する研究を，7.2.4 項にて紹介します．

7.2.3 経験変分ベイズ大域解

超パラメータ $\boldsymbol{\kappa} = (\boldsymbol{C}_A, \boldsymbol{C}_B, \sigma^2)$ についても経験変分ベイズ学習する場合を考えます．

はじめに，ノイズ分散 σ^2 が与えられたもとで $\boldsymbol{C}_A$ および $\boldsymbol{C}_B$ のみを推定する最小化問題を解きます．

$$\begin{aligned} &\text{Given} \quad \sigma^2 \in \mathbb{R}_{++}, \\ &\min_{\{\widehat{a}_h, \widehat{b}_h, \widehat{\sigma}^2_{a_h}, \widehat{\sigma}^2_{b_h}, c^2_{a_h}, c^2_{b_h}\}_{h=1}^H} \quad 2F \\ &\text{s.t.} \quad \{\widehat{a}_h, \widehat{b}_h \in \mathbb{R}, \quad \widehat{\sigma}^2_{a_h}, \widehat{\sigma}^2_{b_h}, c^2_{a_h}, c^2_{b_h} \in \mathbb{R}_{++}\}_{h=1}^H \end{aligned} \tag{7.32}$$

新たに最適化すべき変数 $\{c^2_{a_h}, c^2_{b_h}\}_{h=1}^H$ が増えましたが，これらの変数はやはり特異成分ごとに分解される（式 (7.17) 参照）ため，停留点を求めることは難しくありません．式 (7.18) を $c^2_{a_h}$ および $c^2_{b_h}$ によって偏微分して得られる停留条件

$$c^2_{a_h} = \frac{\widehat{a}^2_h}{M} + \widehat{\sigma}^2_{a_h} \tag{7.33}$$

$$c^2_{b_h} = \frac{\widehat{b}^2_h}{L} + \widehat{\sigma}^2_{b_h} \tag{7.34}$$

を式 (7.19)〜(7.22) に加えた 6 つの連立多項式方程式を解くことによって，大域解の候補が得られます．

すべての解候補の自由エネルギー (7.18) を比較することによって，経験変分ベイズ大域解が得られます．

定理 7.3

観測行列 $\boldsymbol{V} \in \mathbb{R}^{L \times M}$ の縦横比を

$$\alpha = \frac{L}{M} \qquad (0 < \alpha \leq 1) \tag{7.35}$$

とする．また，$\underline{\tau} = \underline{\tau}(\alpha)$ を以下の減少関数の唯一の零点とする．

$$\Xi(\tau; \alpha) = \Phi(\tau) + \Phi\left(\frac{\tau}{\alpha}\right) \quad \text{ただし} \quad \Phi(z) = \frac{\log(z+1)}{z} - \frac{1}{2} \tag{7.36}$$

経験変分ベイズ解は以下で与えられる [9]．

$$\widehat{\boldsymbol{U}}^{\mathrm{EVB}} = \sum_{h=1}^{H} \widehat{\gamma}_h^{\mathrm{EVB}} \boldsymbol{\omega}_{b_h} \boldsymbol{\omega}_{a_h}^{\top}, \qquad \widehat{\gamma}_h^{\mathrm{EVB}} = \begin{cases} \breve{\gamma}_h^{\mathrm{EVB}} & \text{if } \gamma_h \geq \underline{\gamma}^{\mathrm{EVB}} \\ 0 & \text{otherwise} \end{cases} \tag{7.37}$$

ただし，

$$\underline{\gamma}^{\mathrm{EVB}} = \sigma \sqrt{M(1 + \underline{\tau})\left(1 + \frac{\alpha}{\underline{\tau}}\right)} \tag{7.38}$$

$$\breve{\gamma}_h^{\mathrm{EVB}} = \frac{\gamma_h}{2}\left(1 - \frac{(M+L)\sigma^2}{\gamma_h^2} + \sqrt{\left(1 - \frac{(M+L)\sigma^2}{\gamma_h^2}\right)^2 - \frac{4LM\sigma^4}{\gamma_h^4}}\right) \tag{7.39}$$

経験変分ベイズ学習の閾値 (7.38) には $\underline{\tau}$ が含まれますが，これは 1 次元の関数のゼロ交差点なので容易に計算でき，$0 < \alpha \leq 1$ の値に対してあらかじめ表を準備しておけば大域解を計算する際の計算量にはほとんど影響しません．さらに図 **7.2** に示すように，$\underline{\tau} \approx 2.5\sqrt{\alpha}$ で比較的精度よく近似できます．

次に，ノイズ分散 σ^2 を含めてすべての未知パラメータを推定する場合を考えます．

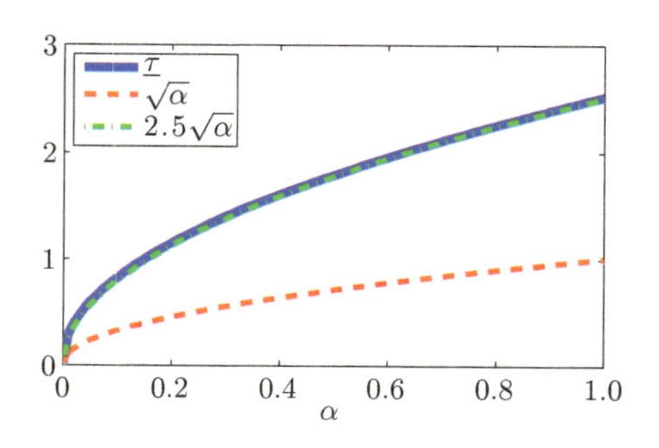

図 7.2 $\underline{\tau}(\alpha)$, $\sqrt{\alpha}$, および $2.5\sqrt{\alpha}$ の値.

$$\min_{\{\widehat{a}_h, \widehat{b}_h, \widehat{\sigma}^2_{a_h}, \widehat{\sigma}^2_{b_h}, c^2_{a_h}, c^2_{b_h}\}_{h=1}^{H}, \sigma^2} \quad 2F \tag{7.40}$$
$$\text{s.t.} \quad \{\widehat{a}_h, \widehat{b}_h \in \mathbb{R}, \quad \widehat{\sigma}^2_{a_h}, \widehat{\sigma}^2_{b_h}, c^2_{a_h}, c^2_{b_h} \in \mathbb{R}_{++}\}_{h=1}^{H}, \sigma^2 \in \mathbb{R}_{++}$$

自由エネルギー (7.17) において，ノイズ分散 σ^2 はすべての特異成分と相関しているため，部分問題に分解して解くことはできません．したがって，大域最適解を任意の L, M に対して得るのは困難です．

しかし，これまでに求めた経験変分ベイズ解（定理 7.3 および定理 7.2）を代入することによって，自由エネルギー (7.17) をノイズ分散 σ^2 に関する比較的簡単な関数として表すことができます．

定理 7.4

経験ベイズ学習によって得られるノイズ分散推定量 $\widehat{\sigma}^{2\,\mathrm{EVB}}$ は，以下の関数の大域最小解である．

$$\begin{aligned}\Omega(\sigma^{-2}) &\equiv \frac{2F(\sigma^{-2})}{LM} + \mathrm{const.}\\ &= \frac{1}{L}\left(\sum_{h=1}^{H}\psi\left(\frac{\gamma_h^2}{M\sigma^2}\right) + \sum_{h=H+1}^{L}\psi_0\left(\frac{\gamma_h^2}{M\sigma^2}\right)\right) \qquad (7.41)\end{aligned}$$

ここで，

$$\psi\left(x\right) = \psi_0\left(x\right) + \theta\left(x > \underline{x}\right)\psi_1\left(x\right) \qquad (7.42)$$

$$\psi_0\left(x\right) = x - \log x \qquad (7.43)$$

$$\psi_1\left(x\right) = \log\left(\tau(x;\alpha) + 1\right) + \alpha\log\left(\frac{\tau(x;\alpha)}{\alpha} + 1\right) - \tau(x;\alpha) \qquad (7.44)$$

$$\underline{x} = (1 + \underline{\tau})\left(1 + \frac{\alpha}{\underline{\tau}}\right) \qquad (7.45)$$

$$\tau(x;\alpha) = \frac{1}{2}\left(x - (1+\alpha) + \sqrt{\left(x - (1+\alpha)\right)^2 - 4\alpha}\right) \qquad (7.46)$$

であり，$\theta(\cdot)$ は条件 (condition) が成立するとき $\theta(\mathrm{true}) = 1$，成立しないとき $\theta(\mathrm{false}) = 0$ の値をとる**指示関数 (indicator function)** である．

定理 7.4 は，ノイズ分散を推定するための目的関数が L 個の観測特異値 $\{\gamma_h\}_{h=1}^{L}$ のそれぞれに対応する項からなり，各項は $\psi_0\left(x\right)$ または $\psi\left(x\right)$ の形を持つことを示しています．$\psi_0\left(x\right)$ および $\psi\left(x\right)$ を図 **7.3** に示す．実は $\psi_0\left(x\right)$ が**凸関数 (convex function)**，$\psi\left(x\right)$ が**準凸関数 (quasi-convex function)** であることを示すことができます [9]．また，$\psi\left(x\right)$ は $x = \underline{x}$ に微分不可能な点を持ちます．

定理 7.4 および定理 7.3 を使えば，**アルゴリズム 7.1** によって経験変分ベ

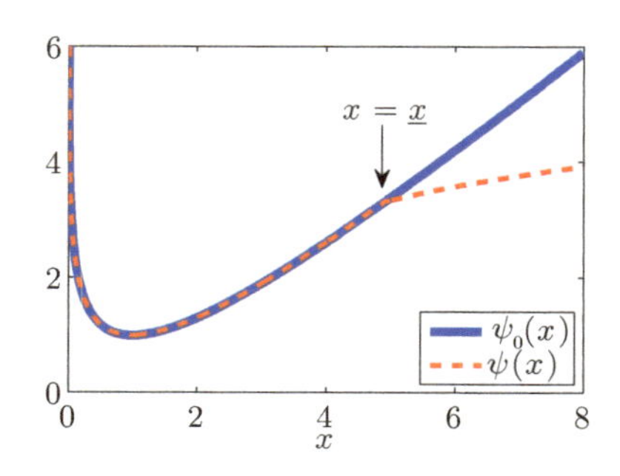

図 7.3 関数 $\psi_0(x)$ と $\psi(x)$.

イズ学習の大域解を効率的に計算することができます *2. さらに，これらを用いて経験変分ベイズ学習のモデル選択能力を評価できます.

7.2.4 モデル選択性能の解析

ノイズ分散推定のための目的関数 (7.41) の例を**図 7.4** に示します. 特異成分に対応する各項を破線で重ねて表示しています. 各項は観測特異値 γ_h に応じて横軸方向に異なるスケールを持つことに注意してください.

$\psi(x)$ の微分不可能点のために，$\Omega(\sigma^{-2})$ は最大で H 個の微分不可能点を持ちます. 実はこの微分不可能点は各特異成分が枝刈りされる閾値に対応しており，以下を示せます [9].

*2 MATLAB のコードが http://sites.google.com/site/shinnkj23/downloads からダウンロードできます.

補題 7.3

ノイズ分散推定量が以下の領域にあるとき，経験変分ベイズ学習によって推定されるランク（すなわち推定量 $\widehat{\boldsymbol{U}}^{\mathrm{EVB}}$ のランク）は $\widehat{H}^{\mathrm{EVB}} = \min(h, H)$ となる．

$$\underline{\sigma}_h^{-2} < \widehat{\sigma}^{-2} < \underline{\sigma}_{h+1}^{-2} \tag{7.47}$$

ただし，

$$\underline{\sigma}_h^{-2} = \begin{cases} 0 & \text{for } h = 0 \\ \frac{Mx}{\gamma_h^2} & \text{for } h = 1, \ldots, L \\ \infty & \text{for } h = L + 1 \end{cases} \tag{7.48}$$

アルゴリズム 7.1 行列分解モデルの大域経験変分ベイズ学習アルゴリズム

1. $L > M$ の場合，観測行列を転置します $\boldsymbol{V} \to \boldsymbol{V}^\top$.
2. あらかじめ計算しておいた表を参照して $\alpha = \frac{L}{M}$ に対応する $\underline{\tau}(\alpha)$ の値を得ます（あるいはより簡単な近似値 $\underline{\tau} \approx 2.5\sqrt{\alpha}$ を用います）.
3. 十分大きい値を $H(\leq L)$ に設定して，観測行列を特異値分解します $\boldsymbol{V} = \sum_{h=1}^{H} \gamma_h \boldsymbol{\omega}_{b_h} \boldsymbol{\omega}_{a_h}^\top$.
4. 目的関数 (7.41) の σ^{-2} に関する 1 次元最小化問題を解いて，ノイズ分散の推定値 $\widehat{\sigma}^{2\ \mathrm{EVB}}$ を得ます.
5. $\widehat{\sigma}^{2\ \mathrm{EVB}}$ が与えられたときの経験変分ベイズ推定量（定理 7.3）を計算します.

図 7.4 の 2 つの例をみてみましょう．左の例では，ノイズ分散推定量の逆数 $\widehat{\sigma}^{-2}$ が，最も大きい特異値に対応する閾値 $\underline{\sigma}_1^{-2}$ よりも左側にあります．した

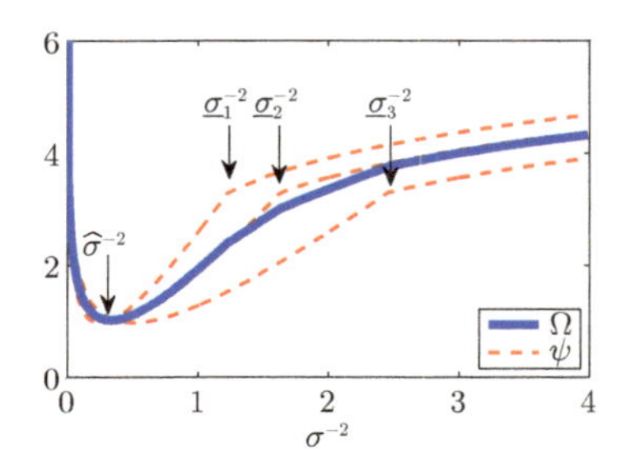

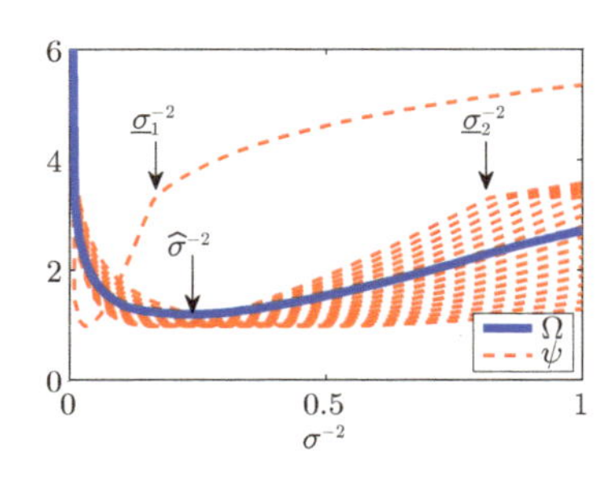

図 7.4　ノイズ分散推定の目的関数 $\Omega(\sigma^{-2})$ とそれを構成する各項 $\{\psi(\gamma_h^2\sigma^{-2}/M)\}_{h=1}^H$．左図：$H=L=3$, $\gamma_h^2/M=4,3,2\,(h=1,2,3)$ の場合．右図：$H=L=18$, $\gamma_1^2/M=30$, $\gamma_h^2/M=6.0,5.75,5.5,\ldots,2.0$（$h=2,\ldots,18$）の場合．

がって，すべての特異成分に対して $\widehat{\gamma}_h^{\mathrm{EVB}}=0$ となり，ランクは $\widehat{H}^{\mathrm{EVB}}=0$ と推定されます．一方，右の例では $\underline{\sigma}_1^{-2}<\widehat{\sigma}^{-2}<\underline{\sigma}_2^{-2}$ が成り立つため，$\widehat{\gamma}_1^{\mathrm{EVB}}>0,\widehat{\gamma}_2^{\mathrm{EVB}},\ldots,\widehat{\gamma}_H^{\mathrm{EVB}}=0$ となり，ランクは $\widehat{H}^{\mathrm{EVB}}=1$ と推定されます．

観測行列が

$$\boldsymbol{V}=\boldsymbol{U}^*+\boldsymbol{\mathcal{E}} \tag{7.49}$$

によって生成されると仮定します．ここで，$\boldsymbol{U}^*\in\mathbb{R}^{L\times M}$ は真の信号行列であり，そのランクを H^*，特異値を $\{\gamma_h^*\}_{h=1}^{H^*}$ とします．$\boldsymbol{\mathcal{E}}\in\mathbb{R}^{L\times M}$ はランダムノイズの行列であり，各成分が独立に平均 0，分散 σ^{*2} の分布に従うとします．一般性を失うことなく，$\{\gamma_h^*\}_{h=1}^{H^*}$ は大きい順にならんでいるとします．

補題 7.3 より，目的関数 $\Omega(\sigma^{-2})$ が $\sigma^{-2}\in(0,\underline{\sigma}_{h^*}^{-2}]$ の範囲で単調減少，$\sigma^{-2}\in[\underline{\sigma}_{h^*+1}^{-2},\infty)$ の範囲で単調増加するのであれば，必ず経験変分ベイズ学習アルゴリズムが正しいランク $\widehat{H}^{\mathrm{EVB}}=H^*$ を推定することがわかります．**ランダム行列理論 (random matrix theory)** を使うと，行列サイズが十分大きいという仮定のもとで観測特異値 $\{\gamma_h\}_{h=1}^L$ の分布を記述することができ，それを用いて以下を示すことができます．

定理 7.5

真の信号行列の特異値が疎である度合い（スパース度）を

$$\xi = \frac{H^*}{L}$$

で表す．行列サイズ L, M が十分大きく，かつ $\alpha = \frac{L}{M}$，$L \gg H^*$ であるとする．以下の 2 つの条件が成り立つとき，経験変分ベイズ行列分解は正しいランク $\widehat{H}^{\mathrm{EVB}} = H^*$ を推定する．

$$\xi < \frac{1}{\underline{x}} \tag{7.50}$$

$$\frac{\gamma_{H^*}^{*2}}{M\sigma^{*2}} > \frac{\left(\frac{\underline{x}-1}{1-\underline{x}\xi} - \alpha\right) + \sqrt{\left(\frac{\underline{x}-1}{1-\underline{x}\xi} - \alpha\right)^2 - 4\alpha}}{2} \tag{7.51}$$

ここで，$\underline{x}$ は式 (7.45) によって定義される量である．

条件 (7.50) は，真の信号行列 $\boldsymbol{U}^*$ が十分低ランクであることを要求し，条件 (7.51) は最も小さい（H^* 番目に大きい）信号の強度 $\gamma_{H^*}^{*2}$ がノイズレベル σ^{*2} に対して十分大きい，すなわち SN 比が十分大きいことを要求しています．

図 7.5 に数値実験結果を示します．行列の横方向のサイズは $M = 200$，縦方向のサイズは $L = 20, 100, 200$ の場合をそれぞれプロットしました．$\boldsymbol{\mathcal{E}}$ の各成分は平均 0，分散 $\sigma^{*2} = 1$ のガウス分布から生成しました．真の信号特異値 $\{\gamma_h^*\}_{h=1}^{H^*}$ は，$[z\sqrt{M}\sigma^*, 10\sqrt{M}\sigma^*]$ 上の均一分布から生成しました．異なる z に対して実験を行い，この値を横軸にとってあります．縦軸は 100 回の試行の中で，経験変分ベイズ学習が正しいランクを推定した，すなわち $\widehat{H}^{\mathrm{EVB}} = H^*$ であった割合です．

異なる曲線は異なるスパース度 ξ に対応し，マーカー付きの曲線は条件 (7.50) が満たされていない場合に対応します．条件 (7.50) が満たされる場合には，SN 比に関するもう 1 つの条件 (7.51) が満たされるための閾値を，短い縦線で示しました．色および線の種類を対応する ξ の値に合わせています．

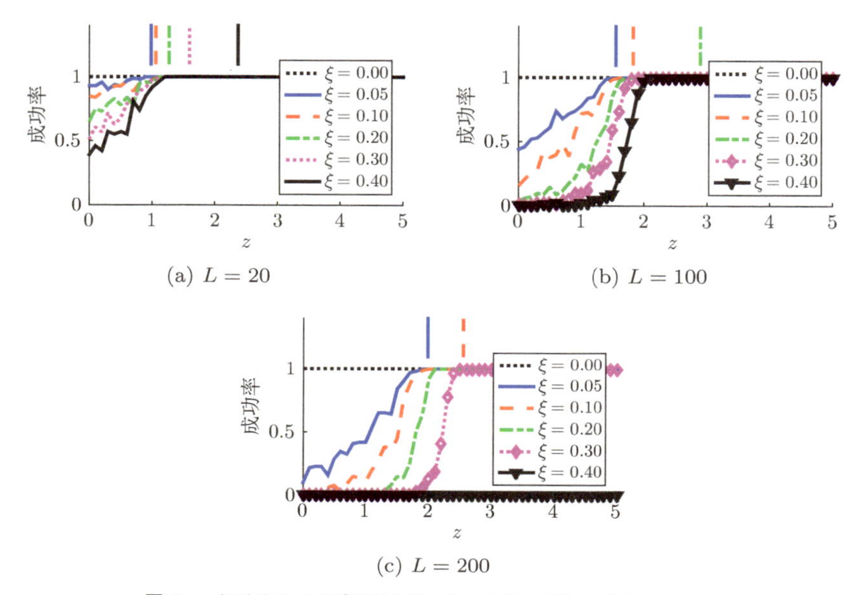

(a) $L = 20$

(b) $L = 100$

(c) $L = 200$

図 7.5　経験変分ベイズ行列分解のランク推定成功率（$M = 200$）.

定理 7.5 は, z $(> \gamma^*_{H^*}/(\sqrt{M}\sigma^*))$ が閾値（短い縦線）よりも大きい領域ではランク推定成功率が 100%であることを保証していますが, 図 7.5 の数値実験結果との矛盾がないことが確認できます.

7.3　混合ガウス分布モデルにおける変分ベイズ学習の漸近理論

混合ガウス分布モデル

$$p(\boldsymbol{z}|\boldsymbol{\alpha}) = \mathrm{Multi}_{K,1}(\boldsymbol{z};\boldsymbol{\alpha}) \tag{7.52}$$

$$p(\boldsymbol{x}|\boldsymbol{z},\{\boldsymbol{\mu}_k\}_{k=1}^K) = \prod_{k=1}^K \left\{\mathrm{Norm}_M(\boldsymbol{x};\boldsymbol{\mu}_k,\boldsymbol{I}_M)\right\}^{z_k} \tag{7.53}$$

$$p(\boldsymbol{\alpha}|\boldsymbol{\phi}) = \mathrm{Dir}_K(\boldsymbol{\alpha};(\phi,\ldots,\phi)^\top) \tag{7.54}$$

$$p(\boldsymbol{\mu}_k|\sigma_0^2) = \mathrm{Norm}_M(\boldsymbol{\mu}_k;\boldsymbol{0},\sigma_0^2\boldsymbol{I}_M) \tag{7.55}$$

において，近似事後分布に独立性制約

$$r(\mathcal{H}, \boldsymbol{\omega}) = r_{\mathcal{H}}(\mathcal{H}) r_{\omega}(\boldsymbol{\omega})$$

を課す変分ベイズ学習を適用すると，6.9 節で示したように変分ベイズ事後分布は以下で与えられます．

$$\begin{aligned} r(\{\boldsymbol{z}^{(n)}\}_{n=1}^N, \boldsymbol{\alpha}, \{\boldsymbol{\mu}_k\}_{k=1}^K) &= r_z(\{\boldsymbol{z}^{(n)}\}_{n=1}^N) r_\alpha(\boldsymbol{\alpha}) r_\mu(\{\boldsymbol{\mu}_k\}_{k=1}^K), \\ r_z(\{\boldsymbol{z}^{(n)}\}_{n=1}^N) &= \prod_{n=1}^N \mathrm{Multi}_{K,1}\left(\boldsymbol{z}^{(n)}; \widehat{\boldsymbol{z}}^{(n)}\right), \\ r_\alpha(\boldsymbol{\alpha}) &= \mathrm{Dir}\left(\boldsymbol{\alpha}; \widehat{\boldsymbol{\alpha}}\right), \\ r_\mu(\{\boldsymbol{\mu}_k\}_{k=1}^K) &= \prod_{k=1}^K \mathrm{Norm}_M\left(\boldsymbol{\mu}_k; \widehat{\boldsymbol{\mu}}_k, \widehat{\sigma}_k^2 \boldsymbol{I}_M\right) \end{aligned}$$

ただし，変分パラメータ $\{\widehat{\boldsymbol{z}}^{(n)}\}_{n=1}^N, \widehat{\boldsymbol{\alpha}}, \{\widehat{\boldsymbol{\mu}}_k, \widehat{\sigma}_k^2\}_{k=1}^K$ は以下の自由エネルギーを最小化します．

$$\begin{aligned} F = {} & \log\left(\frac{\Gamma(\sum_{k=1}^K \widehat{\alpha}_k)}{\prod_{k=1}^K \Gamma(\widehat{\alpha}_k)}\right) - \log\left(\frac{\Gamma(K\phi)}{(\Gamma(\phi))^K}\right) + \frac{M}{2}\sum_{k=1}^K \log\frac{\sigma_0^2}{\widehat{\sigma}_k^2} - \frac{KM}{2} \\ & + \sum_{n=1}^N \sum_{k=1}^K \widehat{z}_k^{(n)} \log \widehat{z}_k^{(n)} + \sum_{k=1}^K \left(\widehat{\alpha}_k - \phi - \overline{N}_k\right)\left(\Psi(\widehat{\alpha}_k) - \Psi(\textstyle\sum_{k'=1}^K \widehat{\alpha}_{k'})\right) \\ & + \sum_{k=1}^K \frac{\|\widehat{\boldsymbol{\mu}}_k\|^2 + M\widehat{\sigma}_k^2}{2\sigma_0^2} + \sum_{k=1}^K \frac{\overline{N}_k\left(M\log(2\pi) + M\widehat{\sigma}_k^2\right)}{2} \\ & + \sum_{k=1}^K \frac{\overline{N}_k \|\overline{\boldsymbol{x}}_k - \widehat{\boldsymbol{\mu}}_k\|^2 + \sum_{n=1}^N \widehat{\boldsymbol{z}}_k^{(n)} \|\boldsymbol{x}^{(n)} - \overline{\boldsymbol{x}}_k\|^2}{2} \end{aligned} \tag{7.56}$$

ここで，

$$\overline{N}_k = \sum_{n=1}^N \widehat{z}_k^{(n)} \tag{7.57}$$

$$\overline{\boldsymbol{x}}_k = \frac{1}{\overline{N}_k}\sum_{n=1}^N \boldsymbol{x}^{(n)} \widehat{z}_k^{(n)} \tag{7.58}$$

であり，自由エネルギーの停留条件として，以下が得られます．

$$\widehat{z}_k^{(n)} = \frac{\overline{z}_k^{(n)}}{\sum_{k'=1}^{K} \overline{z}_{k'}^{(n)}} \tag{7.59}$$

$$\widehat{\alpha}_k = \overline{N}_k + \phi \tag{7.60}$$

$$\widehat{\boldsymbol{\mu}}_k = \frac{\overline{N}_k \overline{\boldsymbol{x}}_k}{\overline{N}_k + \sigma_0^{-2}} \tag{7.61}$$

$$\widehat{\sigma}_k^2 = \frac{1}{\overline{N}_k + \sigma_0^{-2}} \tag{7.62}$$

ただし,

$$\overline{z}_k^{(n)} = \exp\left(\Psi(\widehat{\alpha}_k) - \frac{1}{2}\|\boldsymbol{x}^{(n)} - \widehat{\boldsymbol{\mu}}_k\|^2 + M\widehat{\sigma}_k^2 + \mathrm{const.}\right) \tag{7.63}$$

です.

渡辺ら [14] は, 大サンプル極限 ($N \to \infty$) での自由エネルギーの漸近形を導出し, ディリクレ分布の超パラメータ ϕ に関する相転移点を見い出しました. ϕ はディリクレ事前分布のスパース度をコントロールするパラメータであり, 値が小さいほど疎な事前分布になるのですが *3, 大サンプル極限では ϕ のある値を境に変分ベイズ推定量のスパース度が相転移的に変化するという現象が理論的に解明されたのです. 以下では, この解析手法の概要と得られた結果について紹介します.

自由エネルギーの漸近形

対数ガンマ関数とディガンマ関数に対して, 以下の上界および下界が知られています.

$$\begin{aligned}\left(y - \frac{1}{2}\right)\log y - y + \frac{1}{2}\log(2\pi) &\le \log \Gamma(y) \\ &\le \left(y - \frac{1}{2}\right)\log y - y + \frac{1}{2}\log(2\pi) + \frac{1}{12y}\end{aligned} \tag{7.64}$$

$$\log y - \frac{1}{y} \le \Psi(y) \le \log y - \frac{1}{2y} \tag{7.65}$$

自由エネルギー (7.56) を以下のように分解します.

*3 『機械学習のための確率と統計』[11] 参照.

$$
\begin{aligned}
F &= R + Q, \\
R &= \left\langle \log \frac{r_{\alpha,\mu}(\boldsymbol{\alpha}, \{\boldsymbol{\mu}_k\}_{k=1}^K)}{p(\boldsymbol{\alpha}|\boldsymbol{\phi})p(\{\boldsymbol{\mu}_k\}_{k=1}^K|\sigma_0^2)} \right\rangle_{r_{\alpha,\mu}(\boldsymbol{\alpha},\{\boldsymbol{\mu}_k\}_{k=1}^K)} \\
&= \log\left(\frac{\Gamma(\sum_{k=1}^K \widehat{\alpha}_k)}{\prod_{k=1}^K \Gamma(\widehat{\alpha}_k)}\right) - \log\left(\frac{\Gamma(K\phi)}{(\Gamma(\phi))^K}\right) + \frac{M}{2}\sum_{k=1}^K \log\frac{\sigma_0^2}{\widehat{\sigma}_k^2} - \frac{KM}{2} \\
&\quad + \sum_{k=1}^K (\widehat{\alpha}_k - \phi)\left(\Psi(\widehat{\alpha}_k) - \Psi(\textstyle\sum_{k'=1}^K \widehat{\alpha}_{k'})\right) + \displaystyle\sum_{k=1}^K \frac{\|\widehat{\boldsymbol{\mu}}_k\|^2 + M\widehat{\sigma}_k^2}{2\sigma_0^2}, \\
Q &= \left\langle \log \frac{r_z(\{\boldsymbol{z}^{(n)}\}_{n=1}^N)}{p(\{\boldsymbol{x}^{(n)}, \boldsymbol{z}^{(n)}\}_{n=1}^N|\boldsymbol{\alpha}, \{\boldsymbol{\mu}_k\}_{k=1}^K)} \right\rangle_{r_z(\{\boldsymbol{z}^{(n)}\}_{n=1}^N) r_{\alpha,\mu}(\boldsymbol{\alpha},\{\boldsymbol{\mu}_k\}_{k=1}^K)} \\
&= \sum_{n=1}^N \sum_{k=1}^K \widehat{z}_k^{(n)} \log \widehat{z}_k^{(n)} - \sum_{k=1}^K \overline{N}_k \left(\Psi(\widehat{\alpha}_k) - \Psi(\textstyle\sum_{k'=1}^K \widehat{\alpha}_{k'})\right) \\
&\quad + \sum_{k=1}^K \frac{\overline{N}_k \left(M\log(2\pi) + M\widehat{\sigma}_k^2\right)}{2} \\
&\quad + \sum_{k=1}^K \frac{\overline{N}_k \|\overline{\boldsymbol{x}}_k - \widehat{\boldsymbol{\mu}}_k\|^2 + \sum_{n=1}^N \widehat{\boldsymbol{z}}_k^{(n)} \|\boldsymbol{x}^{(n)} - \overline{\boldsymbol{x}}_k\|^2}{2} \\
&= \sum_{n=1}^N \sum_{k=1}^K \widehat{z}_k^{(n)} \log\left(\widehat{z}_k^{(n)} \left(\frac{\exp(\Psi(\widehat{\alpha}_k))}{\exp\left(\Psi(\sum_{k'=1}^K \widehat{\alpha}_{k'})\right)} \frac{\exp\left(-\frac{\|\boldsymbol{x}^{(n)} - \widehat{\boldsymbol{\mu}}_k\|^2 + M\widehat{\sigma}_k^2}{2}\right)}{(2\pi)^{M/2}}\right)^{-1}\right)
\end{aligned}
$$

R は事後分布 $r_{\alpha,\mu}(\boldsymbol{\alpha}, \{\boldsymbol{\mu}_k\}_{k=1}^K)$ と事前分布 $p(\boldsymbol{\alpha}|\boldsymbol{\phi})p(\{\boldsymbol{\mu}_k\}_{k=1}^K|\sigma_0^2)$ とのカルバック・ライブラー・ダイバージェンスなので，$R \geq 0$ が成り立ちます．

停留条件 (7.59)〜(7.62) を用いると，R は以下のように書けます．

$$
\begin{aligned}
R = \log\left(\frac{\Gamma(N + K\phi)}{\prod_{k=1}^K \Gamma(\overline{N}_k + \phi)}\right) - \log\left(\frac{\Gamma(K\phi)}{(\Gamma(\phi))^K}\right) + \frac{M}{2}\sum_{k=1}^K \log\left(\overline{N}_k\sigma_0^2 + 1\right) \\
- \frac{KM}{2} + \sum_{k=1}^K \overline{N}_k \left(\Psi(\overline{N}_k + \phi) - \Psi(N + K\phi)\right)
\end{aligned}
$$

$$+\sum_{k=1}^{K}\left(\frac{\left(\frac{\overline{N}_k\overline{\boldsymbol{x}}_k}{\overline{N}_k+\sigma_0^{-2}}\right)^2}{2\sigma_0^2}+\frac{M}{2\overline{N}_k\sigma_0^2+1}\right)$$

不等式 (7.64) および (7.65) を用いて，N に関して $O_p(\log N)$ より小さい項を省略すると *4，

$$\begin{aligned}
R &= \left(K\phi-\frac{1}{2}\right)\log\left(N+K\phi\right)-\sum_{k=1}^{K}\left(\phi-\frac{1}{2}\right)\log\left(\overline{N}_k+\phi\right)\\
&\qquad+\frac{M}{2}\sum_{k=1}^{K}\log\left(\overline{N}_k\sigma_0^2+1\right)+O_p(1)\\
&= \left(K\phi-\frac{1}{2}\right)\log\left(N+K\phi\right)\\
&\qquad+\sum_{k=1}^{K}\left(\frac{M}{2}-\phi+\frac{1}{2}\right)\log\left(\overline{N}_k+\phi\right)+O_p(1)\\
&= \left(K\phi-\frac{1}{2}\right)\log\left(\sum_{k=1}^{K}\widehat{\alpha}_k\right)+\sum_{k=1}^{K}\left(\frac{M}{2}-\phi+\frac{1}{2}\right)\log\widehat{\alpha}_k+O_p(1)\\
&= \left(\frac{KM+K-1}{2}\right)\log\left(\sum_{k=1}^{K}\widehat{\alpha}_k\right)\\
&\qquad+\sum_{k=1}^{K}\left(\frac{M}{2}-\phi+\frac{1}{2}\right)\log\frac{\widehat{\alpha}_k}{\sum_{k'=1}^{K}\widehat{\alpha}_{k'}}+O_p(1)\\
&= \left(\frac{K(M+1)-1}{2}\right)\log N\\
&\qquad+\sum_{k=1}^{K}\left(\frac{M+1}{2}-\phi\right)\log\frac{\widehat{\alpha}_k}{\sum_{k'=1}^{K}\widehat{\alpha}_{k'}}+O_p(1)
\end{aligned}\tag{7.66}$$

が得られます．

一方，式 (7.59) および式 (7.63) を用いると，

---

*4 $O_p(\cdot)$ は確率的オーダーです．すなわち $f(N)=O_p(g(N))$ とは，任意の $\varepsilon>0$ に対して $N>N_\varepsilon \Rightarrow \Pr(|f(N)/g(N)|>\delta_\epsilon)<\varepsilon$ となる $N_\varepsilon,\delta_\epsilon<\infty$ が存在することを意味します．

$$Q = -\sum_{n=1}^{N} \log \left(\sum_{k=1}^{K} \frac{\exp\left(\Psi(\widehat{\alpha}_k)\right)}{\exp\left(\Psi(\sum_{k'=1}^{K} \widehat{\alpha}_{k'})\right)} \frac{\exp\left(-\frac{\|\boldsymbol{x}^{(n)}-\widehat{\boldsymbol{\mu}}_k\|^2 + M\widehat{\sigma}_k^2}{2}\right)}{(2\pi)^{M/2}} \right)$$

が得られます．

真の分布が K^*（$\leq K$）個の冗長でない成分を持つとし，そのパラメータを $(\boldsymbol{\alpha}^*, \{\boldsymbol{\mu}_k^*\}_{k=1}^{K^*})$ で表します．真の分布の**経験エントロピー (empirical entropy)** は

$$\begin{aligned} S &= -\frac{1}{N} \log p(\{\boldsymbol{x}^{(n)}\}_{n=1}^{N} | \boldsymbol{\alpha}^*, \{\boldsymbol{\mu}_k^*\}_{k=1}^{K^*}) \\ &= -\frac{1}{N} \sum_{n=1}^{N} \log \left(\sum_{k=1}^{K^*} \alpha_k^* \frac{\exp\left(-\frac{\|\boldsymbol{x}^{(n)}-\widehat{\boldsymbol{\mu}}_k^*\|^2}{2}\right)}{(2\pi)^{M/2}} \right) \end{aligned}$$

で与えられますが，この量は真の分布に対する観測データの負の平均対数尤度なので，NS は周辺尤度の下限であり，したがって自由エネルギーの下限でもあります．すなわち，

$$F \geq -\log p(\mathcal{D}) \geq NS$$

が成り立ちます．以下では，$F - NS$ の主要項の振る舞いについて調べます．

K（$> K^*$）個の混合成分を持つモデルが，真の分布を表現するための 2 通りの方法を考えます．第一の方法では，K 個の成分をすべて使いますが，$(K - K^* + 1)$ 個の成分の $\boldsymbol{\mu}_k$ を互いに一致させることにより実質的に K^* 個の成分を冗長に表現します．第二の方法では，K 個の成分のうち K^* 個のみを用いて残りの混合成分を $\alpha_k = 0$ にします．後者は混合成分に関して疎な解であり，モデル選択が成功する場合であると考えることができます．

これら 2 通りの真の分布の実現方法について，以下で具体的な変分パラメータ設定方法を挙げて自由エネルギーを評価します．式 (7.65) を用いることによって，いずれの設定でも

$$Q - NS = O_p(1) \tag{7.67}$$

であることを確認できるため，主要項の振る舞いを調べるためには R の振る舞いを調べればよいことになります．

$K\ (> K^*)$ 個の成分をすべて使う場合

以下の設定により，式 (7.67) が実現されます．

$$\widehat{\alpha}_k = \begin{cases} \alpha_k^* N + \phi & \text{for } k = 1, \ldots, K^* - 1 \\ \frac{\alpha_{K^*}^*}{K - K^* + 1} N + \phi & \text{for } k = K^*, \ldots, K \end{cases},$$

$$\widehat{\boldsymbol{\mu}}_k = \begin{cases} \boldsymbol{\mu}_k^* & \text{for } k = 1, \ldots, K^* - 1 \\ \boldsymbol{\mu}_{K^*}^* & \text{for } k = K^*, \ldots, K \end{cases},$$

$$\widehat{\sigma}_k^2 = \begin{cases} \frac{1}{\alpha_k^* N + \sigma_0^{-2}} & \text{for } k = 1, \ldots, K^* - 1 \\ \frac{1}{\frac{\alpha_{K^*}^*}{K - K^* + 1} N + \sigma_0^{-2}} & \text{for } k = K^*, \ldots, K \end{cases}$$

したがって，この設定を式 (7.66) に代入することにより

$$F - NS = R + O_p(1) = \left(\frac{K(M+1) - 1}{2} \right) \log N + O_p(1) \tag{7.68}$$

が得られます．

K^* 個の成分のみを使う場合

以下の設定により，式 (7.67) が実現されます．

$$\widehat{\alpha}_k = \begin{cases} \alpha_k^* N + \phi & \text{for } k = 1, \ldots, K^* \\ \phi & \text{for } k = K^* + 1, \ldots, K \end{cases},$$

$$\widehat{\boldsymbol{\mu}}_k = \begin{cases} \boldsymbol{\mu}_k^* & \text{for } k = 1, \ldots, K^* \\ \mathbf{0} & \text{for } k = K^* + 1, \ldots, K \end{cases},$$

$$\widehat{\sigma}_k^2 = \begin{cases} \frac{1}{\alpha_k^* N + \sigma_0^{-2}} & \text{for } k = 1, \ldots, K^* \\ \sigma_0^2 & \text{for } k = K^* + 1, \ldots, K \end{cases}$$

したがって，この設定を式 (7.66) に代入することにより

$$\begin{aligned} F - NS &= R + O_p(1) \\ &= \left(\frac{K(M+1) - 1}{2} \right) \log N \end{aligned}$$

$$
\begin{aligned}
&- (K - K^*) \left(\frac{M+1}{2} - \phi \right) \log N + O_p(1) \\
&= \left(\frac{K^*(M+1) - 1}{2} + (K - K^*)\phi \right) \log N + O_p(1) \\
&= \left(\frac{K^*(M+1-2\phi) - 1}{2} + K\phi \right) \log N + O_p(1) \qquad (7.69)
\end{aligned}
$$

が得られます．

式 (7.68) および式 (7.69) はいずれも自由エネルギーの上界を与えるので，これらを合わせて以下の定理が得られます [14]．

定理 7.6

式 (7.52)〜(7.55) で与えられる混合ガウス分布モデルの変分自由エネルギーは

$$
F \leq NS + \overline{R} + O_p(1)
$$

と書ける．ただし，

$$
\overline{R} = \begin{cases} \left(\frac{K(M+1)-1}{2} \right) \log N & \text{for } \phi > \frac{M+1}{2} \\ \left(\frac{K^*(M+1-2\phi)-1}{2} + K\phi \right) \log N & \text{for } \phi < \frac{M+1}{2} \end{cases}
$$

定理 7.6 は，変分ベイズ学習のモデル選択特性に関して非常に重要な知見を含んでいます．$\phi < \frac{M+1}{2}$ のとき，$\overline{R}$ は K^* に関して単調減少ですが，このことは変分ベイズ学習が不要な成分を枝刈りして，できるだけ少ない混合成分で分布を表現しようとすることを意味します．一方，$\phi > \frac{M+1}{2}$ の場合には変分ベイズ学習はすべての成分を使って冗長に真の分布を表現しようとするのです．このように，超パラメータ ϕ の設定値に関して，変分ベイズ学習が相転移的な振る舞いをすることがこの理論により解明されました．

7.4 その他の理論結果

7.2 節および 7.3 節にて，行列分解モデルにおける非漸近理論および混合ガウス分布モデルにおける漸近理論の最も基本的な結果を紹介しました．これらの解析手法は他の確率モデルや近似手法にも応用され，発展を遂げています．

例えば，行列分解モデルの大域的解析解をそのまま漸近理論に適用することによって，縮小ランク回帰モデルの汎化性能の解析が行われました．その結果，変分ベイズ学習が持つ過学習抑制効果がベイズ学習のそれ [16] よりも強い傾向にあることなどがあきらかにされました [17]．また，類似の確率モデルである**低ランク部分空間クラスタリング (low-rank subspace clustering)** における近似的大域解法の導出や，**加算的疎行列分解モデル (sparse additive matrix factorization model)** や欠損値のある行列分解モデルのための効率的局所探索アルゴリズム [10] にも，7.2 節の手法および結果が応用されています．

未知のパラメータおよび超パラメータのうち，どれをベイズ学習し，どれを（経験ベイズ学習により）点推定すべきかという問題も研究されています．確率的主成分分析として最初に行列分解モデルが提案された論文 [12] では，2 つの行列のうち一方だけをベイズ学習し，もう一方は点推定する方法が用いられました．この方法は後に部分ベイズ学習として解析され，超パラメータが与えられたもとでは変分ベイズ学習と似た振る舞いをすることが報告されています．しかし，超パラメータを経験ベイズ学習によって推定する場合には，大域解は常に $\widehat{\boldsymbol{U}} = 0$ となること，にもかかわらず局所解法を用いて得られる解は変分ベイズ学習と似た振る舞いをすることなどが報告されています [7]．

一方，自由エネルギーの漸近解析手法は隠れマルコフモデル [2]，混合指数分布族 [15]，ベイジアンネットワーク [13]，潜在的ディリクレ配分モデル [5] などに幅広く適用され，超パラメータ設定のための指針を与えました．また，パラメータの一部を周辺化してから変分ベイズ学習を行う，**周辺化変分ベイズ学習 (collapsed variational Bayesian learning)** の性能評価にも応用されています [4]．より多くのモデルへの拡張，ベイズ学習との比較，汎化誤差解析，関連手法への応用など，今後の発展が期待されます．

B i b l i o g r a p h y

参考文献

[1] C.M. ビショップ（著），元田浩・栗田多喜夫・樋口知之・松本裕治・村田昇（監訳）．パターン認識と機械学習（上）．丸善出版，2007.

[2] 星野力，渡辺一帆，渡辺澄夫. 隠れマルコフモデルの変分ベイズ学習における確率的複雑さについて．電子情報通信学会論文誌，Vol. J89-D, No. 6，pp. 1279–1287，2006.

[3] 竹内啓，下平英寿，伊藤秀一，久保川達也. モデル選択（第 3 部：スタインのパラドクスと縮小推定の世界）．岩波書店，2004.

[4] I. Mukherjee and D. M. Blei. Relative performance guarantees for approximate inference in latent Dirichlet allocation. In *Advances in Neural Information Processing System 21 (NIPS2008)*, 2008.

[5] S. Nakajima, I. Sato, M. Sugiyama, K. Watanabe, and H. Kobayashi. Analysis of variational Bayesian latent Dirichlet allocation: Weaker sparsity than MAP. In *Advances in Neural Information Processing Systems 27 (NIPS2014)*, 2014.

[6] S. Nakajima and M. Sugiyama. Theoretical analysis of Bayesian matrix factorization. *Journal of Machine Learning Research*, Vol. 12, pp. 2583–2648, 2011.

[7] S. Nakajima and M. Sugiyama. Analysis of empirical MAP and empirical partially Bayes: Can they be alternatives to variational Bayes? In *Proceedings of International Conference on Artificial Intelligence and Statistics*, Vol. 33, pp. 20–28, 2014.

[8] S. Nakajima, M. Sugiyama, S. D. Babacan, and R. Tomioka. Global analytic solution of fully-observed variational Bayesian matrix factorization. *Journal of Machine Learning Research*, Vol. 14, pp. 1–37, 2013.

[9] S. Nakajima, R. Tomioka, S. D. Babacan, and M. Sugiyama. Condition for perfect dimensionality recovery by variational Bayesian PCA. *Journal of Machine Learning Research*, Vol. 16, pp. 3757–3811, 2015.

[10] M. Seeger and G. Bouchard. Fast variational Bayesian inference for non-conjugate matrix factorization models. In *Proceedings of International Conference on Artificial Intelligence and Statistics*, 2012.

[11] 杉山将. 機械学習のための確率と統計. 講談社, 2015.

[12] M. E. Tipping and C. M. Bishop. Probabilistic principal component analysis. *Journal of the Royal Statistical Society*, Vol. 61, pp. 611–622, 1999.

[13] K. Watanabe, M. Shiga, and S. Watanabe. Upper bound for variational free energy of Bayesian networks. *Machine Learning*, Vol. 75, No. 2, pp. 199–215, 2009.

[14] K. Watanabe and S. Watanabe. Stochastic complexities of Gaussian mixtures in variational Bayesian approximation. *Journal of Machine Learning Research*, Vol. 7, pp. 625–644, 2006.

[15] K. Watanabe and S. Watanabe. Stochastic complexities of general mixture models in variational Bayesian learning. *Neural Networks*, Vol. 20, No. 2, pp. 210–219, 2007.

[16] 渡辺澄夫. 代数幾何と学習理論. 森北出版, 2006.

[17] 渡辺澄夫, 永尾太郎, 樺島祥介, 田中利幸, 中島伸一. ランダム行列の数理と科学. 森北出版, 2014.

索　引

た行

な行

は行

ま行

や行

ら行

わ行

著者紹介

中島伸一　博士（工学）

1995 年　神戸大学大学院理学研究科物理学専攻修士課程修了
同　年　株式会社ニコン 入社
2006 年　東京工業大学大学院総合理工学研究科博士課程修了
同　年　株式会社ニコン 光技術研究所 主任研究員
2011 年　株式会社ニコン 光技術研究所 主幹研究員
現　在　ベルリン工科大学 BIFOLD 上級研究員

NDC007　159p　21cm

機械学習プロフェッショナルシリーズ
変分ベイズ学習

2016 年 4 月 19 日　第 1 刷発行
2024 年 5 月 17 日　第 4 刷発行

著　者　中島伸一
発行者　森田浩章
発行所　株式会社　講談社
〒 112-8001　東京都文京区音羽 2-12-21
販売　(03)5395-4415
業務　(03)5395-3615

KODANSHA

編　集　株式会社　講談社サイエンティフィク
代表　堀越俊一
〒 162-0825　東京都新宿区神楽坂 2-14　ノービィビル
編集　(03)3235-3701

本文データ制作　藤原印刷株式会社
印刷・製本　株式会社ＫＰＳプロダクツ

落丁本・乱丁本は，購入書店名を明記のうえ，講談社業務宛にお送りください．送料小社負担にてお取替えします．なお，この本の内容についてのお問い合わせは，講談社サイエンティフィク宛にお願いいたします．定価はカバーに表示してあります．

Printed in Japan

ISBN 978-4-06-152914-4